電気・電子系 教科書シリーズ 17

計算機システム（改訂版）

博士(工学) 春日　健
舘泉　雄治　共著

コロナ社

電気・電子系 教科書シリーズ編集委員会

編集委員長	高橋　　寛	（日本大学名誉教授・工学博士）
幹　　　事	湯田　幸八	（東京工業高等専門学校名誉教授）
編集委員	江間　　敏	（沼津工業高等専門学校）
（五十音順）	竹下　鉄夫	（豊田工業高等専門学校・工学博士）
	多田　泰芳	（群馬工業高等専門学校名誉教授・博士（工学））
	中澤　達夫	（長野工業高等専門学校・工学博士）
	西山　明彦	（東京都立工業高等専門学校名誉教授・工学博士）

（2006年11月現在）

刊行のことば

　電気・電子・情報などの分野における技術の進歩の速さは，ここで改めて取り上げるまでもありません。極端な言い方をすれば，昨日まで研究・開発の途上にあったものが，今日は製品として市場に登場して広く使われるようになり，明日はそれが陳腐なものとして忘れ去られるというような状態です。このように目まぐるしく変化している社会に対して，そこで十分に活躍できるような卒業生を送り出さなければならない私たち教員にとって，在学中にどのようなことをどの程度まで理解させ，身に付けさせておくかは重要な問題です。

　現在，各大学・高専・短大などでは，それぞれに工夫された独自のカリキュラムがあり，これに従って教育が行われています。このとき，一般には教科書が使われていますが，それぞれの科目を担当する教員が独自に教科書を選んだ場合には，科目相互間の連絡が必ずしも十分ではないために，貴重な時間に一部重複した内容が講義されたり，逆に必要な事項が漏れてしまったりすることも考えられます。このようなことを防いで効率的な教育を行うための一助として，広い視野に立って妥当と思われる教育内容を組織的に分割・配列して作られた教科書のシリーズを世に問うことは，出版社としての大切な仕事の一つであると思います。

　この「電気・電子系 教科書シリーズ」も，以上のような考え方のもとに企画・編集されましたが，当然のことながら広大な電気・電子系の全分野を網羅するには至っていません。特に，全体として強電系統のものが少なくなっていますが，これはどこの大学・高専等でもそうであるように，カリキュラムの中で関連科目の占める割合が極端に少なくなっていることと，科目担当者すなわち執筆者が得にくくなっていることを反映しているものであり，これらの点については刊行後に諸先生方のご意見，ご提案をいただき，必要と思われる項目

については，追加を検討するつもりでいます。

　このシリーズの執筆者は，高専の先生方を中心としています。しかし，非常に初歩的なところから入って高度な技術を理解できるまでに教育することについて，長い経験を積まれた著者による，示唆に富む記述は，多様な学生を受け入れている現在の大学教育の現場にとっても有用な指針となり得るものと確信して，「電気・電子系 教科書シリーズ」として刊行することにいたしました。

　これからの新しい時代の教科書として，高専はもとより，大学・短大においても，広くご活用いただけることを願っています。

1999年4月

　　　　　　　　　　　　　　　　　　　　　編集委員長　高　橋　　　寛

まえがき

　近年のコンピュータ技術と通信技術を統合した情報技術（ICT）の急速な発展に伴い，インターネットに代表されるコンピュータネットワークが学術研究，商業，軍事，医療などの分野ばかりでなく，われわれの日常生活全般に至るまでグローバルに展開されている。このような背景から，コンピュータシステムを理解するためにはハードウェアやソフトウェアの知識に加えてネットワークに関する知識も必要になってきている。また，このようなシステムに故障や誤動作が生じると，システムダウンに至ることも予想され，その結果，さまざまな社会的な被害や経済的な損失を伴うことも起こり得るのでコンピュータシステムの信頼性・安全性は特に重要となる。以上のような観点から，本書はコンピュータシステムとネットワークシステムの基礎から最近の応用までを丁寧に解説している。情報技術革命の真っただ中で，コンピュータシステムに関する知識を得たい人やリテラシーとして，基本的なコンピュータシステムの動作や構成法を十分に把握したい人にとって最適である。

　コンピュータの概要では，システム構成要素と基本演算の仕組みとの関係を，例を挙げてわかりやすく説明している。データ表現や各種演算では，コンピュータ内部での2進数演算と並行して10進数表現も適宜取り入れて理解しやすいように工夫している。

　コンピュータのハードウェアやソフトウェアに関しては，それらを有機的に結び付けるように話を展開し，具体的かつわかりやすく解説している。また，ネットワークについても最新の技術を取り上げて解説している。さらに，上述したように，システムの信頼性や安全性は特に重要になってきているので，このような観点から，コンピュータシステムの信頼性についても解説を加えている。

改訂版にあたって

　演習問題は知識を確実なものとするため，また発展的に理解を得るためにぜひ実施していただきたい。

　本書の執筆の機会を与えていただいた湯田幸八先生（東京高専名誉教授）に心より感謝いたします。

　本書の構成や内容に関して貴重なご助言をいただきました東北大学名誉教授で東北工業大学の樋口龍雄教授，および東北大学大学院情報科学研究科の亀山充隆教授に深く感謝申し上げます。

　最後に，出版に当たってご尽力いただいたコロナ社の方々に厚くお礼申し上げます。

2005年2月

著　　者

改訂版にあたって

　本書は2005年の初版から，すでに10年を経過した。この間コンピュータシステムは，半導体技術のめざましい進歩やソフトウェア技術の急速な進展により，自動車や家電製品などに搭載される超小型のコンピュータから超高性能なスーパコンピュータに至るまで，さまざまな分野で広く利用されてきている。また，同時にネットワーク技術も高度に発展を遂げ，高速化・大容量化の時代を迎えている。このような状況を踏まえ，改訂版ではコンピュータの動作原理など本質的な部分は変わらないものの，コンピュータの構成要素や技術についてはできるだけ最新のものを取り上げている。

2016年1月

著　　者

目　　　次

1.　　コンピュータの概要

1.1　コンピュータシステムの構成 ……………………………………… *1*
1.2　コンピュータシステムの動作原理 …………………………………… *4*
1.3　ハードウェア構成 ……………………………………………………… *6*
1.4　ソフトウェア構成 ……………………………………………………… *8*
演 習 問 題 ……………………………………………………………………… *10*

2.　　コンピュータでのデータ表現

2.1　2　進　数 ……………………………………………………………… *12*
2.2　基数法の相互変換 ……………………………………………………… *14*
2.3　数 の 表 現 ……………………………………………………………… *16*
　2.3.1　正の整数の表現 ………………………………………………… *16*
　2.3.2　負 数 の 表 現 …………………………………………………… *16*
　2.3.3　固定小数点表示 ………………………………………………… *19*
　2.3.4　浮動小数点表示 ………………………………………………… *20*
2.4　文 字 の 表 現 …………………………………………………………… *22*
2.5　命 令 の 表 現 …………………………………………………………… *25*
2.6　2進数による算術演算 ………………………………………………… *26*
演 習 問 題 ……………………………………………………………………… *29*

3.　　ブール代数とディジタル回路

3.1　ブ ー ル 代 数 …………………………………………………………… *31*

3.2 基本組合せ回路 …………………………………………… 34
3.3 論理回路の簡単化 ………………………………………… 39
3.4 順 序 回 路 ……………………………………………… 42
3.4.1 フリップフロップ ………………………………… 42
3.4.2 カ ウ ン タ ……………………………………… 48
3.4.3 レ ジ ス タ ……………………………………… 53
演 習 問 題 ………………………………………………………… 54

4. 2進演算と算術回路

4.1 2 進 加 算 ……………………………………………… 56
4.2 2 進 減 算 ……………………………………………… 58
4.3 直 列 加 算 器 …………………………………………… 61
4.4 並列加算器と並列減算器 …………………………………… 63
4.5 加算器を用いた減算 ………………………………………… 66
演 習 問 題 ………………………………………………………… 67

5. マイクロプロセッサのアーキテクチャ

5.1 アーキテクチャとは ………………………………………… 69
5.2 データタイプ ………………………………………………… 70
5.3 レジスタセット ……………………………………………… 72
5.4 命 令 セ ッ ト ………………………………………………… 74
5.4.1 基本命令セット …………………………………… 74
5.4.2 命 令 形 式 ……………………………………… 76
5.5 アドレス指定方式 …………………………………………… 78
5.6 アドレス空間とセグメント ………………………………… 83
5.7 マルチタスクと仮想記憶 …………………………………… 84
5.8 保 護 機 構 ……………………………………………… 85
5.9 CISC と RISC ……………………………………………… 86

演習問題 ……………………………………………………………… *87*

6. メ　モ　リ

6.1　メモリの構成 ………………………………………………… *90*
6.2　メモリの種類 ………………………………………………… *92*
　6.2.1　ROM ……………………………………………………… *92*
　6.2.2　RAM ……………………………………………………… *94*
6.3　メモリの階層構成 …………………………………………… *96*
　6.3.1　キャッシュメモリ ………………………………………… *98*
　6.3.2　仮　想　記　憶 …………………………………………… *102*
6.4　メモリの高速化手法………………………………………… *104*
　6.4.1　アクセスの高速化………………………………………… *105*
　6.4.2　データバス幅の拡大 …………………………………… *107*
　6.4.3　メモリの並列動作 ……………………………………… *108*
演習問題 ……………………………………………………………… *109*

7. インタフェース

7.1　インタフェースの概要 …………………………………… *110*
7.2　パソコン用インタフェース………………………………… *111*
　7.2.1　パラレルインタフェース ………………………………… *112*
　7.2.2　シリアルインタフェース ………………………………… *112*
　7.2.3　USBインタフェース …………………………………… *115*
　7.2.4　IDEインタフェース …………………………………… *116*
　7.2.5　SCSIインタフェース …………………………………… *116*
　7.2.6　HDMIインタフェース ………………………………… *116*
　7.2.7　イーサネットインタフェース …………………………… *117*
7.3　マイクロコンピュータのインタフェース ………………… *117*
　7.3.1　マイクロコンピュータ用パラレルインタフェース ……… *117*
　7.3.2　マイクロコンピュータ用シリアルインタフェース ……… *119*
　7.3.3　マイクロコンピュータ用アナログインタフェース ……… *119*

演習問題 ……………………………………………………………………… 120

8. 周辺装置

8.1 入力装置 ……………………………………………………………… 121
　8.1.1 文字情報の入力 ………………………………………………… 121
　8.1.2 静止画像の入力 ………………………………………………… 123
　8.1.3 音声の入力 ……………………………………………………… 125
　8.1.4 動画像の入力 …………………………………………………… 126
　8.1.5 その他の入力装置 ……………………………………………… 127
8.2 出力装置，表示装置 ………………………………………………… 127
　8.2.1 ディスプレイ装置 ……………………………………………… 127
　8.2.2 印刷装置 ………………………………………………………… 128
8.3 補助記憶装置（2次記憶装置） …………………………………… 130
演習問題 ……………………………………………………………………… 134

9. ソフトウェア

9.1 OS ……………………………………………………………………… 135
　9.1.1 プロセス管理 …………………………………………………… 135
　9.1.2 ファイル管理 …………………………………………………… 139
　9.1.3 リソース管理 …………………………………………………… 142
9.2 アプリケーションソフトウェア …………………………………… 143
演習問題 ……………………………………………………………………… 145

10. ネットワーク

10.1 LANとインターネット …………………………………………… 146
　10.1.1 LAN ……………………………………………………………… 146
　10.1.2 インターネット ………………………………………………… 148
　10.1.3 インターネットの応用例 ……………………………………… 149
10.2 TCP/IP ……………………………………………………………… 153
　10.2.1 IPアドレス …………………………………………………… 154

10.2.2	ネットマスクとサブネットマスク ……………………… 156
10.2.3	IPアドレスの問題点 ……………………………………… 157
10.2.4	IPアドレスのクラスレス化（VLSMとCIDR）………… 158
10.2.5	IPアドレスの管理 ………………………………………… 159
10.2.6	プライベートIPアドレス ………………………………… 160
10.2.7	CSI参照モデル …………………………………………… 161
10.2.8	IP の 詳 細 ……………………………………………… 163
10.2.9	TCP と UDP ……………………………………………… 165

10.3 イーサネット ……………………………………………………… 167
   10.3.1 イーサネットの規格 ……………………………………… 167
   10.3.2 CSMA/CD ………………………………………………… 170
   10.3.3 イーサネットフレーム …………………………………… 172

10.4 無 線 LAN ……………………………………………………… 174
   10.4.1 無線LANの伝送規格 …………………………………… 174
   10.4.2 無線LANの暗号化規格 ………………………………… 175

10.5 DNS と URL …………………………………………………… 176
   10.5.1 DNS ……………………………………………………… 176
   10.5.2 URL ……………………………………………………… 178

10.6 ル ー タ ………………………………………………………… 178
   10.6.1 ルーティングテーブル …………………………………… 179
   10.6.2 サブネットマスクとルータ ……………………………… 180

10.7 セ キ ュ リ テ ィ ………………………………………………… 181
   10.7.1 ウィルス対策 ……………………………………………… 182
   10.7.2 セキュリティホール対策 ………………………………… 183
   10.7.3 パスワードの管理と暗号技術 …………………………… 183
   10.7.4 ファイアウォール ………………………………………… 184

演 習 問 題 ……………………………………………………………… 185

11. コンピュータシステムの信頼性

11.1 信頼性と信頼度 …………………………………………………… 187
11.2 平均故障寿命と平均故障間隔 …………………………………… 189

11.3	保　全　度	190
11.4	アベイラビリティ	190
11.5	直列および並列システムの信頼度	191
11.6	高信頼化システムの構成	193
11.7	コンピュータシステムの信頼性評価	196

演習問題 …………………………………………………… 203

引用・参考文献 ………………………………………… 206

演習問題解答 …………………………………………… 208

索　　　引 ……………………………………………… 224

1

コンピュータの概要

　コンピュータシステムは，情報を処理する機械で，基本的な機能を有するいくつかの装置から構成されている。本章では，コンピュータシステムの全体構成とその動作原理について説明する。また，コンピュータシステムが威力を発揮するためには，目に見えるハードウェアとともに一般に利用技術と呼ばれるソフトウェアの存在が不可欠であり，このことについても概説する。

1.1 コンピュータシステムの構成

　はじめに，コンピュータは人間の知的な仕事を代行してくれる道具として利用されている。その道具を使うためには，まずこの道具になんらかの指示をする必要がある。この指示をコンピュータに対する入力と呼び，コンピュータは指示されたとおりに処理（仕事）を行ってその結果を人間にわかる形で出力する。図 *1.1* はコンピュータを情報の流れからとらえた図である。

図 *1.1*　コンピュータにおける処理の流れ

　コンピュータには通称マイコンとかパソコンと呼ばれる比較的小型のものから大型コンピュータに至るまで，また用途によっても専用型や汎用型など，さまざまな種類がある。ただし，コンピュータはその性能や目的が異なっても基本構成は同じという特徴を有している。

2   1. コンピュータの概要

ここでは身近にあるパソコンを例に挙げて説明する。**図 1.2** は最近のデスクトップパソコンの概観図である。パソコンに命令やデータなどを与えるためにはキーボードやマウスなどの入力装置が，またパソコンでの処理結果を人間に知らせるためにはディスプレイやプリンタなどの出力装置がよく使用されている。さらに現在のパソコンでは，インターネットの端末としての機能やディジタルカメラ，携帯電話など，さまざまなデバイスとの接続によりマルチメディア情報のやり取りなどができるようになっている。

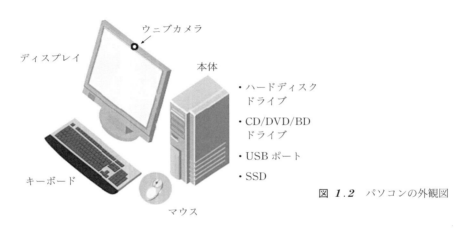

図 **1.2**　パソコンの外観図

パソコンの一般的な構成を**図 1.3** に示す。ここで，入力装置，出力装置，演算装置，制御装置そして主記憶装置をコンピュータを構成する**5大装置**という。演算装置と制御装置は一つの **VLSI**（very large scale integration：超大規模集積回路）で構成され，**CPU**（central processing unit：中央処理装置）とか **MPU**（micro processing unit：超小型処理装置）と呼ばれている。また，命令やデータを格納しておく主記憶装置も VLSI の組合せで実現される。主記憶装置は，通常メモリと呼ばれ，**RAM**（random access memory）と **ROM**（read only memory）の2種類がある。

図 1.4 にパソコン本体の内部構成を示す。ここで，RAM は読み書きが自由にできるので作成したプログラムやデータなどを格納する。しかし，電源オ

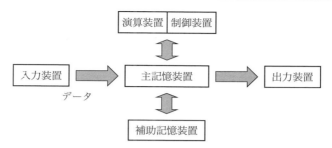

図 1.3 パソコンの基本構成

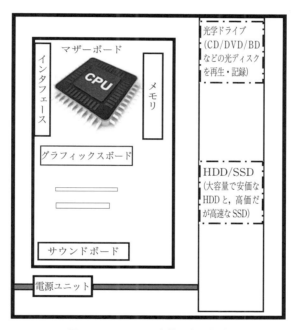

図 1.4 パソコン本体の内部構成

フ時で RAM の記憶内容は失われる。一方，ROM は電源オフでも記憶内容が消えないので，電源オン時にコンピュータを動作させるための基本プログラムなどが記憶されている。さらに，パソコンには主記憶装置に入りきらないプログラムなどを格納するための，補助記憶装置が用いられる。補助記憶装置として，ハードディスク，USB メモリ，CD，DVD，BD，SSD などがある。ハー

ドディスクは，磁性体を塗布したディスクを高速に回転させ，磁気ヘッドでデータを読み書きする装置である。記憶容量として，数百ギガバイト〜十数テラバイトのものが市販されている。USBメモリは，フラッシュメモリを内蔵した携帯に便利な記憶装置で，記憶容量として数ギガバイト〜数百ギガバイトのものが用いられている。CD (compact disc)，DVD (digital versatile disc)，BD (blu-ray disc) は，光を用いて情報の読み書きを行うディスクで，この中で，3Dが記憶容量やアクセス速度に優れている。50ギガバイト〜百数十ギガバイトの記憶容量のものが用いられている。SSD (solid state drive) は，記憶媒体としてフラッシュメモリを用いたものである。SSDは，ハードディスクと比較して読み書きが高速で，消費電力が少ないことや衝撃に強いことなどの利点がある。一方，現時点では書き換え限度回数が少ないことや高コストであることが，欠点として挙げられる。

1.2 コンピュータシステムの動作原理

コンピュータでは入力装置から読み込んだプログラムやデータは1と0からなる2進数の形でメモリに記憶される。

図1.3で示したパソコンにおける主記憶装置，演算装置，制御装置と処理手順とのかかわりを**図1.5**に示す。図中の①から⑨の説明を以下に示す。

① プログラムカウンタの値に従って読み出すべき主記憶装置のアドレスが指定される。
② 主記憶装置のアドレスの内容（命令）が命令レジスタに読み出される。
③ プログラムカウンタの値がインクリメント（+1）される。
④ 命令レジスタの内容によりアドレスレジスタが読み出すべきデータのアドレスを示す。
⑤ そのアドレスに格納されているデータを読み出す指示をする。
⑥ データがAレジスタに読み出される。
⑦ 命令レジスタの指令に基づいてAレジスタとBレジスタの内容が演算

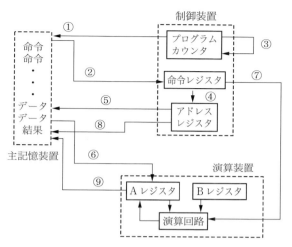

図 1.5 コンピュータ本体の動作原理

回路によって処理される。

⑧ アドレスレジスタが処理結果を格納すべきアドレスを指定する。

⑨ 結果が格納される。

⑩ ①から⑨までの動作を繰り返し行い,プログラムを逐次実行する。

以上の動作をまとめると制御装置は**図 1.6** に示すように,主記憶装置から取り出す動作とそれを解読・実行する動作を交互に行っていることになる。一般に,これを CPU の**動作サイクル**という。

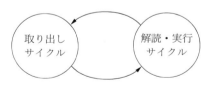

図 1.6 CPU の動作サイクル

以上のコンピュータの動作原理は 1945 年にフォン・ノイマンによって提案された**プログラム内蔵方式(ストアドプログラム方式)**や**ノイマン型アーキテクチャ**と呼ばれるものである。すなわち,計算手順を示す一連の命令も数値と同様に符号化され,同じ主記憶装置に記憶される。コンピュータは記憶された

命令を順次取り出し，この指令に基づいて動作する．現在でもほとんどのコンピュータはこの方式を採用している．

1.3 ハードウェア構成

ハードウェア（hardware）とは，もとは金物とか硬いものを指す言葉であったが，コンピュータの分野では，一度構成された機能や機構は容易に変更できないという意味から，素子や電子回路で構成されている装置のことをいう．

コンピュータシステムを構成するハードウェアには五つの装置があることをすでに述べたが，その内容についてもう少し詳しく見てみることにする．

〔**1**〕 **入力装置** 入力装置はコンピュータに対してプログラムや処理すべきデータ，指示などを与えるための装置である．入力装置として，キーボード，マウス，光学的文字読取装置などがある．また，電圧，電流，温度などのアナログデータをコンピュータが処理できるディジタルデータに変換するためのA-D変換器も入力装置の一つである．

（*a*） **キーボード** キーボード（keyboard）は，キーをたたいて文字を入力する装置で，入力装置の中ではマウスと並んで最も基本的なデバイスである．キーボードには60～120個ほどのキーがあり，英字，数字，記号などを入力するためのキーとさまざまな機能を有する特殊キーとに分けられる．

（*b*） **マ ウ ス** キーボードはコマンドで制御するシステムでは必須の入力装置てあるが，現在は **GUI**（graphical user interface）環境が一般的である．マウスは画面上に表示されているマウスポインタを動かすための道具で，その形状がネズミに似ていることから名付けられた．現在のマウスの多くは光学式マウス（optical mouse）で，これはその底面に発光部と反射光を検知する受光部があり，マウスを動かすことにより変化する反射光からマウスの移動方向や速度などを読み取っている．また，マウスに付いているボタンを押すこと（クリック）によりその位置の座標が入力される．最近では無線のマウスが広く用いられている．

〔**2**〕 **出 力 装 置**　出力装置は，コンピュータで処理された結果を主記憶装置から外部へ出力するための装置である。おもな出力装置にはディスプレイやプリンタがある。

　（*a*）　液晶ディスプレイ　液晶ディスプレイは現在，最も一般的なディスプレイである。液晶はその名のとおり液体と結晶の両方の性質を有する物質で，電圧の変化によって光の反射と吸収率が変わることを利用して文字や図形を表示させる。表示方式として画素ごとにトランジスタを用いることで表示品質が非常に高く省電力である **TFT**（thin film transistor）液晶ディスプレイが一般的である。最近では，19インチや21インチの製品も発売されてきている。将来は，TFT液晶ディスプレイで不可欠のバックライトを必要としない**有機 EL**（organic electroluminescence）ディスプレイに代わるものと期待されている。これは電圧をかけたり，電流を流したりすることで発光する有機物を発光素子として利用しようというものである。

　（*b*）　プリンタ　プリンタ（printer）は，コンピュータから処理結果を紙に印刷する装置である。印刷方式には，1文字ずつ印字するシリアルプリンタ（serial　printer）と1ページ分を単位として印刷するページプリンタ（page printer）に大別される。代表的なものとして，前者には**インクジェットプリンタ**（ink jet printer）が，後者には**レーザプリンタ**（laser printer）がある。

　　1）　インクジェットプリンタ　帯電したインクの粒子をノズルから噴出させ，インクの方向を静電気によってコントロールして紙に吹き付けて文字や図形を描く方式である。インクの色数を増やすことによりカラー印字が可能である。プリンタの文字や画像は，点（ドット）の集合で表されているが，その解像度を示す単位を dpi（dot per inch）という。1インチに4 800ドット印刷される 4 800 dpi が標準であるが，最近では 9 600 dpi の写真高画質も発売されている。

　　2）　レーザプリンタ　コピー機の原理を応用したもので，レーザ光線で感光ドラム上に文字や画像を作り出し，静電気を帯びたところに粉末のトナ

ーを付着，現像し，用紙に転写して熱で定着させることで印刷する装置。最近のレーザプリンタの解像度は 9 600 dpi と高品位で高速な印字が可能である。

〔３〕 **主記憶装置（メモリ）** 　主記憶装置は一般にプログラムやデータを記憶する場所である。したがって，高速かつ読み書きが可能であることに加えて，比較的容量が大きいことが要求される。容量はギガバイト（GB）で表される。最近の高性能パソコンの実装メモリ容量は 16 ギガバイトである。また，現在のメモリに用いられている記憶媒体は半導体メモリである。半導体メモリには，通常，RAM と ROM がある。RAM は電源を切るとメモリの内容が消えてしまうが，さまざまなプログラムやデータをつぎからつぎへと記憶させて利用することができる。一方，ROM は読み出し専用メモリで，電源を切ってもその内容は消えない。そこで，コンピュータの電源を入れたときに真っ先に動作するプログラムやデータなどが記憶されている。

〔４〕 **演算装置** 　演算装置には算術演算と論理演算を行う回路がある。算術演算回路では加減乗除や大小比較を論理演算回路ではシフト動作やさまざまな判断をそれぞれ行っている。演算装置は，演算を行うために必要なデータを一時的に記憶しておくためのレジスタをいくつか有している。

〔５〕 **制御装置** 　制御装置は，主記憶装置から命令を取り出し，それを解読してメモリからデータを読み出して演算を行わせたり，入出力装置に動作を指令したりする。すでに図 1.5 で示したように，制御装置には実行する命令の番地を指示するプログラムカウンタ，その実行命令を一時的に記憶するための命令レジスタやアドレスレジスタなどがある。コンピュータを人間にたとえると，制御装置は脳の部分に相当すると考えることができる。

1.4 ソフトウェア構成

コンピュータは，その本体であるハードウェアだけでは本来の機能を発揮することはできない。ハードウェアに処理順序を指示する命令とデータの集合か

らなる**ソフトウェア**（software）があってはじめてさまざまな情報処理が可能となる。自動車にたとえると，ハードウェアは自動車を構成する機器や装置など，一方，ハンドルを切るとかアクセルを踏むといった運転の仕方，利用技術がソフトウェアである。自動車と同様，コンピュータでもハードウェアとソフトウェアの両者がたがいに機能することによって本来の目的が達成できる。

表 1.1はソフトウェアの体系と種類を示している。ソフトウェアは，**システムソフトウェア**と**アプリケーションソフトウェア**に大別できる。システムソフトウェアはコンピュータを管理するソフトで，さらに基本ソフトウェアとミドルウェアに分けられる。この基本ソフトウェアはコンピュータを動作させるためのソフトウェアのことで，**オペレーティングシステム**（operating system：OS）や**プログラミング言語**（C言語，Visual Basic，Javaなど）を指す。

表 1.1 ソフトウェアの体系と種類

ソフトウェア体系	種　類	内　　容
システムソフトウェア	基本ソフトウェア	オペレーティングシステム，プログラミング言語，コンパイラ，エディタ
	ミドルウェア	エクスプローラ，データベース管理システム
アプリケーションソフトウェア	パッケージソフトウェア	ワープロソフト，表計算ソフト，プレゼンテーションソフト
	業務用ソフトウェア	給与計算ソフト，販売管理ソフト

ここで，OSとは，コンピュータをユーザが使いやすくするとともに，コンピュータシステムの各装置を効率的に働かせることを目的としたソフトウェアで，パソコン用の**Windows 10, Mac OS X**やワークステーション用の**UNIX**がよく知られている。また，ミドルウェアとは基本ソフトウェアとアプリケーションソフトウェアの中間に位置する共通的なソフトウェアをいい，ディスプレイに表示されているアイコンやメニューを選択することでコンピュータを視覚的に操作できるGUI制御などがある。

一方，アプリケーションソフトウェアは，ユーザが仕事などである目的を達

成するために利用するソフトウェアである。その中のパッケージソフトとは，ワープロソフトや表計算ソフトなど不特定多数のユーザを対象に開発されたソフトのことをいい，業務用ソフトとは，ある特定の業務用に開発されたソフトで，給与計算ソフト，販売管理ソフトなどがそれに含まれる。

演 習 問 題

【1】 フォン・ノイマンが提唱したコンピュータのアーキテクチャで，プログラムとデータを一緒にコンピュータの記憶装置に格納し，それを逐次読み出し実行していく方式とはなにか。

【2】 つぎの文は，言語処理プログラム，オペレーティングシステムそしてユーティリティプログラムのいずれに関して記述したものか。
　　　（1） プログラムの翻訳や解釈などの機能を有するコンピュータプログラム。
　　　（2） エディタや診断プログラム，分類プログラム，ファイルコピーなどの支援プログラムの総称。
　　　（3） コンピュータ資源の効率的な割振り，スケジューリング，入出力制御，データ管理などを行う。

【3】 コンピュータの動作原理に関するつぎの記述中のかっこに入る装置名を下記の語群から選べ。
　　　実行されるプログラムはあらかじめ（a）に格納されており，プログラムを構成する命令を（b）によって順次取り出され，解釈・実行される。
　　（語群）
　　　主記憶装置，演算装置，制御装置，補助記憶装置，入出力装置，周辺装置

【4】 以下のコンピュータの記憶装置に関して，アクセス速度の速い順に並べよ。
　　　磁気テープ装置，主記憶装置，半導体ディスク装置，ハードディスク装置

【5】 写真や絵，それに図形などを光学的に読み取り，コンピュータに入力する装置はつぎのうちのどれか。
　　　マウス，OCR，OMR，イメージスキャナ，バーコードリーダ

【6】 TFT液晶ディスプレイがCRTディスプレイと比較して優れている点をつぎから選べ（複数可）。
　　　低価格，応答速度が速い，低消費電力，薄くて小型

【7】 コンピュータの各装置に関するつぎの記述中のかっこに適当な装置名を記入せよ。

　　　CPU は (a) と (b) の二つの装置から構成されている。(a) は (c) からプログラムの命令を取り出して解読し，必要な装置に指令を出す。(b) は四則演算や比較判断を行う。(c) は (d) から読み込んだデータやプログラムを記憶する。(c) に記憶しているデータを (e) が外部に出す。

【8】 OS の役割に関する説明として，適切な記述はどれか。
　（1） ユーザが作成したプログラムをコンピュータで実行できるよう機械語に翻訳するプログラムである。
　（2） コンピュータの資源（ハードウェアやソフトウェア）を管理し，効率よく働かせることにより生産性の向上，使いやすさの向上を実現するソフトウェアの集合である。
　（3） ユーティリティプログラムとも呼ばれ，エディタや診断プログラムなどユーザの処理を一般的に支援する汎用性の高いプログラムである。

【9】 つぎの装置のうちでアクセス時間が最も短いのはどれか。
　（1） レジスタ
　（2） 主記憶装置
　（3） フロッピーディスク
　（4） ハードディスク

2

コンピュータでのデータ表現

　コンピュータの内部では，数値，文字などのデータや命令も含めたすべての情報は，0と1からなる2進数の組合せで表現される。本章では，数値情報，文字情報および命令の表現法を示し，さらに，2進数による算術演算について述べることにする。

2.1 2 進 数

　コンピュータの内部では，情報（電気信号）は，電圧の高（high）と低（low），電流が流れているか否か，磁化されているか否かのそれぞれについて，2進数（binary number）の1と0に対応させて表現されている。

　はじめに，私たちが日常使用する10進数について考えてみよう。10進数で，例えば，123.4という数値は位取り記数法を用いて式（2.1）のように展開できる。

$$123.4 = 1 \times 10^2 + 2 \times 10^1 + 3 \times 10^0 + 4 \times 10^{-1} \tag{2.1}$$

　一般に，r進数表現で整数部n桁，小数部m桁として，0から$r-1$までの数字を用いて

$$x_{n-1}x_{n-2} \cdots x_0.x_{-1}x_{-2} \cdots x_{-m}$$

と並べると，これは式（2.2）のように展開できる。

$$x = x_{n-1}r^{n-1} + x_{n-2}r^{n-2} + \cdots + x_0 r^0 + x_{-1}r^{-1} + x_{-2}r^{-2} + \cdots + x_{-m}r^{-m}$$
$$= \sum_{i=-m}^{n} x_i r^i \tag{2.2}$$

　この式で，係数x_iは$0 \leq x_i < r$なる整数値をとる。また，$r=2$の場合が

2進数表現で，0と1の2種類の数字だけが用いられる。0と1で表される2進数の1桁は**ビット**（bit）と呼ばれる。

2進数で例えば，1010.11_2は，10進数表現では10.75_{10}であるが，ここで，添字の2および10を**基数**（radix）と呼び，一般に，基数rがr進数を表現している。また，2進数表現で，左端のビットは最も重みが大きく，そのビットが誤ると正しい値から最もかけ離れるという理由から，左端のビットを**MSB**（most significant bit）と呼ぶ。それに対して，右端のビットを**LSB**（least significant bit）という。

表2.1に10進数の0から15までの数値の，2進数と16進数での対応表現を示す。コンピュータ内部では，2進数が用いられているが，人間にとっては，2進数は桁数が多く扱いにくいという理由から，2進数の4桁ずつをひとまとめにした16進数表現がよく使用される。16進数表現では，0から9までは10進数と同じであるが，10から15まではアルファベットのAからFが用いられる。

表 2.1 数 表 現

10進数	2進数	16進数	10進数	2進数	16進数
0	0 0 0 0	0	8	1 0 0 0	8
1	0 0 0 1	1	9	1 0 0 1	9
2	0 0 1 0	2	10	1 0 1 0	A
3	0 0 1 1	3	11	1 0 1 1	B
4	0 1 0 0	4	12	1 1 0 0	C
5	0 1 0 1	5	13	1 1 0 1	D
6	0 1 1 0	6	14	1 1 1 0	E
7	0 1 1 1	7	15	1 1 1 1	F

ここで，コンピュータではなぜ2進数が用いられるかを考えてみることにする。コンピュータを構成する回路において，スイッチのオン・オフ，信号の電圧レベルの高・低など，実際の素子で比較的容易に二つの状態を表現でき，その二つの状態を1と0に対応させた**2値論理**が明確に体系化されている。しかも，2進数の場合，基本演算が単純で，高速に実行できる。すなわち，数値が2進数で表現されていれば，例えば，1桁の加算は**表2.2**に示されるように4通りだけですむ。しかも，この1と0を論理学における命題論理

14   2. コンピュータでのデータ表現

表 2.2 2進数1桁の加算

被加数	加数	和	桁上げ
0	0	0	0
0	1	1	0
1	0	1	0
1	1	0	1

(propositional logic) の真 (true), 偽 (false) に対応させることにより, 加算という算術演算が論理演算で表現できる特徴を有する。もし, 10進数で表現すると, 1桁では0から9までの10通りあるので, 10×10＝100通りの加算を考える必要があり, 回路構成が複雑になる。

2.2 基数法の相互変換

コンピュータ内部では, 情報は2進数で表現されるが, 人間がそのまま扱うと, 例えば, 1000 1100 1010 1111 のようにビット数が多くなるに従って, 読み取り誤りをおかしやすくなると考えられる。そこで, 桁数を少なくして扱う方法として, 2進数4桁をひとまとめにした16進表現がよく用いられる。

〔1〕 **r 進数の 10 進数への変換**   この変換は式 (2.2) に基づいて行われる。

例 2.1 $r = 2$ のとき

$1010.01_2 = 1 \times 2^3 + 0 \times 2^2 + 1 \times 2^1 + 0 \times 2^0 + 0 \times 2^{-1} + 1 \times 2^{-2} = 10.25_{10}$

例 2.2 $r = 16$ のとき

$AF.4_{16} = 10 \times 16^1 - 15 \times 16^0 + 4 \times 16^{-1} = 175.25_{10}$

---

〔2〕 **10 進数の r 進数への変換**   はじめに, 整数部については, 整数部を基数 r で割り, その剰余を整数部の1桁目とする。つぎに, その商をさらに r で割り, その剰余をつぎの上位の1桁とする。これを商が r より小さくなるまでつぎつぎに繰り返す。一方, 小数部については, 小数部に r を乗じ

て整数部への桁上げが生じた場合にはその値を,生じない場合には 0 を小数部第 1 位とする。つぎに,その積の小数部に r を乗じて同様の処理を行い,それを小数部第 2 位として繰り返す。この過程で,小数部が 0 になった時点で終了する。また,何度か繰り返しても 0 とならない場合には,この基数の変換において誤差が生じることを意味する。

(例 1) 15.75_{10} を 2 進数に変換する。

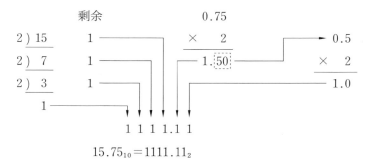

$$15.75_{10} = 1111.11_2$$

(例 2) 15.75_{10} を 16 進数に変換する。

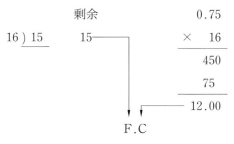

$$15.75_{10} = \text{F.C}_{16}$$

〔**3**〕 **2 進数と 16 進数の関係** 16 進数とは,16 ごとに桁が上がる方式で表される数である。すでに述べたが,16 進数は 10 進数でいう 0〜15 の数を 1 桁で表し,16 ではじめて桁上がりする。表記法として,0〜9 までは 10 進数と同じで,10〜15 まではアルファベットの A から F を用いる。また,16 進数を 10 進数などと区別するために,数値の最後に 16 という添字を用いたり,H (hexa decimal の頭文字) をつけたりする。

2 進数を 16 進数に変換する場合には,16 進数の 1 桁は 4 ビットの 2 進数に

対応するので、2進数を小数点を基準に4桁ずつまとめ、それを表2.1に示した16進数で表せばよい。その際、4桁に満たない場合には、例2.3の下線部のように0を補って4桁にする。

例 2.3　　$101.101_2 = \underline{0}101.101\underline{0}_2 = 5.\mathrm{A}_{16} = 5.\mathrm{AH}$

　　　　　$\mathrm{B}6.4_{16} = 1011\,0110.0100_2 = 1011\,0110.01_2$

2.3　数の表現

コンピュータで表現できる数の範囲は、数値を表現するために利用できるビット数によって決定される。コンピュータは、用途や性能によってビット数が決められているが、この一度に処理できるビット数を**ワード**（word）と呼び、一般には、ワードを構成するビット数の多いコンピュータほど、高速な処理が可能となる。コンピュータ内部で数値がどのように表現されているかについて以下に示す。

2.3.1　正の整数の表現

正の整数の表現には、2進位取り記数法が用いられる。1ワードがnビットから構成されているとすると、$0 \sim 2^n - 1$の範囲の整数値を表現できる。例えば、$n = 8$とすると、10進数での255はコンピュータ内部では1111 1111と表される。

2.3.2　負数の表現

コンピュータで加算のみならず減算も行うためには、負数を考慮する必要がある。負数の表現方法には、以下に示す絶対値表示と補数表示の二つがある。

〔**1**〕　**絶対値表示**　　絶対値表示は、数値の絶対値に符号をつける方法である。ただし、コンピュータの内部では、符号の＋、－をそのままの形では表現できないので、2進数の0、1を＋、－にそれぞれ対応させ、それを最上位ビ

ットにつける方法をとっている。例えば，8ビットのコンピュータでは

$0001\ 0010_2 = 18_{10}$

$1001\ 0010_2 = -18_{10}$

となる。一般に，1ワードをnビットとすると，その最上位ビットで符号ビットを，残りの$n-1$ビットで数値部を表す。この表し方は，符号と絶対値によるものであるから，人間にとっては理解しやすい。しかし，この表現法では，加減算を行うとき演算数の絶対値の大きさを比較して演算結果の符号を決める必要がある。例えば，10進数での5と−2について，その加減算を絶対値表示を用いた4ビットの2進数でそのまま機械的に行うと以下のようになる。

加算

$$
\begin{array}{rl}
0\ 1\ 0\ 1 \rightarrow & 5_{10} \\
+\ 1\ 0\ 1\ 0 \rightarrow & +(-2_{10}) \\
\hline
1\ 1\ 1\ 1 \rightarrow & -7_{10}
\end{array}
$$

減算

$$
\begin{array}{rl}
0\ 1\ 0\ 1 \rightarrow & 5_{10} \\
-\ 1\ 0\ 1\ 0 \rightarrow & -(-2_{10}) \\
\hline
1\ 0\ 1\ 1 \rightarrow & -3_{10}
\end{array}
$$

この例からもわかるように加算や減算いずれの場合も機械的な操作だけでは正しい結果は得られないので，正しい結果を得るための回路構成は複雑となる。

〔**2**〕 **補数表示** 任意の数Nに対する補数（complement）には，基数をrとすると，$r-1$の補数とrの補数がある。したがって，2進数では1の補数と2の補数が，10進数では9の補数と10の補数がある。

1) $r-1$の補数　一般に，基数rの正数Nに対する$r-1$の補数C_{r-1}は

$$C_{r-1} = r^n - r^{-m} - N \tag{2.3}$$

で与えられる。ここで，nはNの整数部の桁数，mは小数部の桁数である。

例 2.4 10進数の456の9の補数は，式(2.3)で$n=3$，$m=0$とおいて

456_{10}の9の補数$= 10^3 - 10^{-0} - 456 = 999 - 456 = 543_{10}$

となる。これはつぎのように考えることができる。

456の9の補数とは，整数部3桁で表現できる最大の整数999になるために

は，456 にいくつ加えればよいかに相当する。

つぎに，小数の場合の例を挙げる。

例 2.5 10 進数 0.46 の 9 の補数は，式 (2.3) で $n=0$, $m=2$ とおいて
$$0.46_{10} の 9 の補数 = 10^0 - 10^{-2} - 0.46 = 0.99 - 0.46 = 0.53_{10}$$
となる。これは，小数点以下 2 桁の小数で最大の数 0.99 になるためには，0.46 にいくつ加えればよいかに相当する。

2 進数の場合も，$r=2$ とすることで 10 進数と同様に考えることができる。

例 2.6 2 進数 101 の 1 の補数は
$$101_2 の 1 の補数 = 2^3 - 2^0 - 101_2 = 111_2 - 101_2 = 010_2$$
となる。この例で，3 桁で表現される最大の 2 進整数は 111 であるから，111 から 101 を減算すれば 1 の補数が得られる。ところで，2 進数では 1 から 1 を減ずると 0，1 から 0 を減ずると 1 となる。このことから，2 進数で 1 の補数を求める方法として，減算をする代わりに各ビットを反転すればよいということがわかる。

例 2.7 2 進数 0.010 の 1 の補数は
$$0.010_2 の 1 の補数 = 2^0 - 2^{-3} - 0.010_2 = 0.111_2 - 0.010_2 = 0.101_2$$
となる。小数の場合も，減算をする代わりに小数点以下 3 桁の各ビットを反転することで 1 の補数を求めることができる。

2) **r の 補 数**　一般に，基数 r の正数 N に対する r の補数 C_r は
$$C_r = r^n - N \tag{2.4}$$
で与えられる。ここで，n は N の整数部の桁数である。

例 2.8 10 進数の 456 の 10 の補数は，式 (2.4) で $n=3$ とおいて
$$456_{10} の 10 の補数 = 10^3 - 456 = 1\,000 - 456 = 544_{10}$$

となる。これは，9の補数に1を加えたものと一致する。すなわち，3桁で表現できる最大の数に1を加えた数を基準にしていると考えることができる。

つぎに，小数の場合の例を挙げる。

例 2.9 10進数 0.46 の 10 の補数は，式 (2.4) で $n = 0$ とおいて

$$0.46_{10} の 10 の補数 = 10^0 - 0.46 = 1.00 - 0.46 = 0.54_{10}$$

となる。これは，小数点以下2桁の小数で最大の数 0.99 に 0.01 を加えた 1.00 になるためには 0.46 にいくつ加えればよいかを求めることに相当する。

2進数の場合は，$r = 2$ として同様に考えることができる。

例 2.10 2進数 101 の 2 の補数は

$$101_2 の 2 の補数 = 2^3 - 101_2 = 1000_2 - 101_2 = 011_2$$

となる。この例では，3桁で表現される最大の2進整数の 111 に 1 を加えた 1000 から 101 を減算することにより 2 の補数が得られる。すでに 1 の補数は各桁の 1 と 0 を反転することで得られると述べたが，2 の補数は各ビットを反転し，それに 1 を加えることで求められる。

例 2.11 2進数 0.010 の 2 の補数は

$$0.010_2 の 2 の補数 = 2^0 - 0.010_2 = 1.000_2 - 0.010_2 = 0.110_2$$

となる。すなわち，小数点以下3桁すべてのビットを反転して 1 の補数を求め，それに 0.001 を加えることにより 2 の補数を得ている。

2.3.3 固定小数点表示

固定小数点表示（fixed-point representation）とは，小数点の位置があらかじめ決まっている表示法である。例えば，2進8ビットで数を表現する場合，負数を2の補数表示で考えると，整数では LSB の右に小数点があるとして $-128 \sim 127$，また，小数では MSB の右に小数点があるとして，0 以外に -1

〜-2^{-7}と2^{-7}〜$1-2^{-7}$の数を扱うことができる。この方法では，表現できる範囲は小数点の位置によってきわめて制限される。**図 2.1** は1語8ビットで整数を表す場合である。この図で，MSBは符号ビットで，数値の正負（0：正，1：負）を表す。Xは0または1の値をとる。

図 **2.1** 固定小数点表示

2.3.4 浮動小数点表示

科学技術計算においては，非常に大きな数から小さな数まで広範囲な実数値を扱う場合も多く，例えば3.14を0.314×10^1と表現することがある。コンピュータの内部でも，これと同様な方法により数値を表現し，これを**浮動小数点表示**（floating-point representation）という。

一般に，浮動小数点表示では数値Nは

$$N = a \times r^n \quad (a < 1)$$

と表される。ここで，aを**仮数**（mantissa），rを**基数**または**底**（base），nを**指数**（exponent）という。通常rは2または16が用いられている。また，先ほどの例の3.14は0.314×10^1，3.14×10^0や0.0314×10^2など何通りにも表現できるが，有効桁数を向上させるなどの理由から仮数を1未満の最大の小数になるように表すことにし，これを**正規化**（normalize）と呼んでいる。

図 2.2 に1ワードが32ビットの場合の構成例を示す。図の表示方式は，IBM 360方式などとも呼ばれ，基数が16で，大型コンピュータに多く採用されている。

この図で，MSBは符号ビットで数値の正負（0：正，1：負）を表す。基数16の指数部は7ビットであるから，この値は000 0000〜111 1111となり，16^0〜16^{127}の範囲の数を表現すると考えることができるが，実際には$(100\ 0000)_2 = (64)_{10}$を引いた値を16の指数にして，小数を扱えるようにしている。すなわ

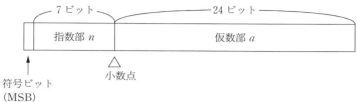

図 2.2 浮動小数点表示

ち,7ビットのうちの最高位のビットが1で,かつ,ほかのすべてのビットが0のときを数値0に対応させている。この結果,**表 2.3**に示すように,指数値は-64から63までの値をとり,16^{-64}～16^{63}が表現できる数値の範囲となる。このほかに,おもにマイクロプロセッサで広く使われているIEEE方式があるが,これについては5章で述べることにする。

表 2.3 16の指数

指数部	10進数	指数値
111 1111	127	63
111 1110	126	62
・	・	・
・	・	・
・	・	・
100 0000	64	0
011 1111	63	-1
・	・	・
・	・	・
・	・	・
000 0001	1	-63
000 0000	0	-64

例 2.12 1ワード32ビットとして,10進数の3.14を浮動小数点表示で表す。

$$3.14_{10} = 11.0010\ 0011\ 1101\ 0111\ 0000\ 1010_2$$
$$= 3.23\ \text{D}\ 70\ \text{A}_{16} = 0.323\ \text{D}\ 70\ \text{A} \times 16^1$$
$$= 0.0011\ 0010\ 0011\ 1101\ 0111\ 0000\ 1010_2 \times 16^1$$

0.14	0.24	0.84	0.44	0.04	0.64
× 2	× 2	× 2	× 2	× 2	× 2
0.28	0.48	1.68	0.88	0.08	1.28
× 2	× 2	× 2	× 2	× 2	× 2
0.56	0.96	1.36	1.76	0.16	0.56
× 2	× 2	× 2	× 2	× 2	× 2
1.12	1.92	0.72	1.52	0.32	1.12
× 2	× 2	× 2	× 2	× 2	× 2
0.24	1.84	1.44	1.04	0.64	0.24

| 0 | 1000001 | 0011 | 0010 | 0011 | 1101 | 0111 | 0000 |

2.4 文字の表現

コンピュータの内部では，数値だけでなくアルファベットなどの文字や記号も，0と1の組合せで表現されている。このように文字を2進数で表すときに，どの2進数の組合せがどの文字を表しているかという対応のことを文字コード (character code) という。アルファベット（大文字，小文字），数字，特殊文字（*，-，:，/，@など）および制御文字（改行，復帰）を識別するためには，少なくとも7ビット（2^7 通り）が必要である。

コンピュータの種類によって使用する文字と文字コードの対応が異なっていると情報の交換に支障をきたすので国際的な取り決めが ISO (International Organization for Standardization：国際標準化機構) により定められている。これをもとに，アメリカでは **ASCII** (American Standard Code for Information Interchange) **コード**が，日本では **JIS コード**が定められている。

表 2.4 に ASCII コードを示す。この表で制御コードと表示されているところは，実際に文字を表現するコードのために使われるのではなく，例えば，CR (carriage return：復帰)，LF (line feed：改行) や BS (back space：後

2.4 文字の表現

表 2.4 ASCIIコード

				b_7	0	0	0	0	1	1	1	1
				b_6	0	0	1	1	0	0	1	1
				b_5	0	1	0	1	0	1	0	1
b_4	b_3	b_2	b_1	列＼行	0	1	2	3	4	5	6	7
0	0	0	0	0	NUL	DLE	SP	0	@	P	`	p
0	0	0	1	1	SOH	DC 1	!	1	A	Q	a	q
0	0	1	0	2	STX	DC 2	"	2	B	R	b	r
0	0	1	1	3	ETX	DC 3	#	3	C	S	c	s
0	1	0	0	4	EOT	DC 4	$	4	D	T	d	t
0	1	0	1	5	ENQ	NAK	%	5	E	U	e	u
0	1	1	0	6	ACK	SYN	&	6	F	V	f	v
0	1	1	1	7	BEL	ETB		7	G	W	g	w
1	0	0	0	8	BS	CAN	(	8	H	X	h	x
1	0	0	1	9	HT	EM	)	9	I	Y	i	y
1	0	1	0	A	LF	SUB	*	:	J	Z	j	z
1	0	1	1	B	VT	ESC	+	;	K	[	k	{
1	1	0	0	C	FF	FS	,	<	L	\	l	|
1	1	0	1	D	CR	GS	−	=	M	]	m	}
1	1	1	0	E	SO	RS	・	>	N	^	n	~
1	1	1	1	F	SI	US	/	?	O	_	o	DEL

制御コード

退）など制御機能を開始，変更または停止するために使用される。

　つぎに，ISO規格に基づく以外にアメリカのIBM社が大型コンピュータのためのコードとして制定したコードに，**EBCDIC**（Extended Binary Coded Decimal Interchange Code：拡張2進化10進コード）があり，8ビットで文字，数字，記号を表す。

　現在，コンピュータで日本語が利用できることは当然のこととなっている。日本語の文字コード体系を漢字コードといい，このコードとしては，JIS，シフトJIS，EUCの3種類のコード体系がおもに用いられている。

　〔**1**〕　**JISコード**　　JIS規格により使用頻度の高い第1水準文字（2 965文字），比較的使用頻度の低い第2水準文字（3 390文字），それに特殊な記号

など，約 5 800 字の第 3 水準が制定されている。

JIS コードでは，1 バイト文字（半角英文字，半角カナ，数字など）から 2 バイト文字（全角文字）に切り替えるときにはシフトイン（shift in）と呼ばれる 3 バイトのエスケープシーケンス（escape sequence）を用い，逆に 2 バイト文字から 1 バイト文字に切り替えるときにはシフトアウト（shift out）と呼ばれるエスケープシーケンスを用いる。エスケープシーケンスとは，通常の文字と区別するため，制御コード表の中の ESC 文字から始まる文字列で文字種の切り替えのための制御コードを表したものである。

　　　シフトイン　　　　　シフトアウト
　　　ESC$B　　　　　　　ESC(J

JIS コードの欠点は，シフトイン，シフトアウトのために余分な記憶領域を必要とすることである。

〔**2**〕**シフト JIS コード**　　シフト JIS コードは，8 ビットのコード体系である。民間企業により制定され，パーソナルコンピュータで広く用いられている。

シフト JIS コードでは，JIS 8 ビットコードの未使用コード（80_{16}〜$9F_{16}$，$E0_{16}$〜FF_{16}）が第 1 バイトとしてくれば，その文字を含めてつぎの 1 バイトを漢字コードであるとみなす。このように，シフト JIS コードでは，JIS コードで行われるシフトイン/シフトアウト切り替えのような繁雑な操作を行うことがない反面，文字コードの空き領域に漢字コードを割り当てているため，表現できる文字数に制限がある。

〔**3**〕**EUC**　　EUC（Extended UNIX Code：拡張 UNIX コード）は，1985 年にアメリカの AT&T 社が定めたマルチバイトの文字コードである。

日本語 EUC の場合，漢字コードは JIS 規格の漢字コードの最初のビットを 1 にした以外は完全に準拠している。ただし，半角カナにも 2 バイト分のデータを必要とする。前述のシフト JIS コードの漢字コード部分は JIS 規格に準拠していないので，UNIX とパソコン間で漢字を使用した通信をする場合は，つねにデータ変換が必要となる。

2.5 命令の表現

コンピュータの命令は，コンピュータ内部のバス幅などに合わせて数バイトで表現される。典型的な命令1個を**命令ワード**（instruction word）ともいう。命令ワードは，**図 2.3** に示すように**命令コード**（operation code）と**オペランド**（operand）によって構成される。命令コード部は，例えば，加算，減算，論理積，シフト，ジャンプなどの動作内容を表し，オペランド部は動作内容の対象となるメモリあるいはレジスタ上のデータを指定する。命令コードは1命令ワードに一つであるが，オペランドは複数個の場合がある。

図 2.3 命令ワードの構造

例えば，Z 80 CPU では以下のような命令がある。

例 2.13 ADD A, B

（内容）命令コードが加算（ADD），オペランド1，オペランド2がそれぞれAレジスタ，Bレジスタである。Aレジスタの値にBレジスタの値を加算し，その結果をAレジスタに格納する。1バイト命令。

2進コード：$1000\ 0000_2$

例 2.14 RLC A

（内容）命令コードが左へシフト（RLC）で，オペランド1がAレジスタである。Aレジスタの各ビットを左へ1ビットシフトする。2バイト命令。

2進コード：$1100\ 1011\ 0000\ 0111_2$

2.6 2進数による算術演算

はじめに，補数表現を用いることにより減算が加算に置き換えて計算できることを，理解を助けるために10進数の例で示す。ただし，負数は10の補数表示とする。

例 2.15 826 − 807　減数807の10の補数は807にいくつ加えると1 000になるかという数のことで，図 2.4 の B に相当し，193である。

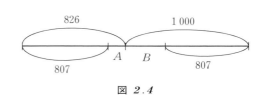

図 2.4

図から，答 A は補数を用いてつぎのようにして求められる。ここで，B は807の10の補数で193である。

$$A = 826 - 807 = (826 + B) - (807 + B)$$
$$= 826 + 193 - 1\,000 = 19$$

この式で，1 000を引くことは，左側に示した加算結果での桁上げを無視することに対応する。

例 2.16 807 − 826　減数826の10の補数は，図 2.5 の D に相当し，174である。

```
  8 0 7
+ 1 7 4
───────
○ 9 8 1
  ↑
桁上げなし→負の値→
981の10の補数 = 19
```

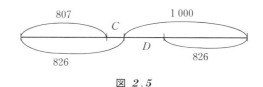

図 2.5

答 −19

図から,答 C は補数を用いてつぎのようにして求められる。ここで,D は 826 の 10 の補数で 174 である。

$$C = 807 - 826 = (807 + D) - (826 + D)$$
$$= 807 + 174 - 1\,000 = -19$$

つぎに,二つの 2 進数 X と Y の和 Z を求める。**図 2.6** に示すように,数値 X,Y,Z は n ビットからなり,**符号ビット**と**数値部**に分けて表現する。また,負数は 2 の補数表示とする。

X	符号	数 値 部

Y	符号	数 値 部

Z	符号	数 値 部

図 2.6 数値表現

いま,X,Y,Z の絶対値をそれぞれ X^*,Y^*,Z^* とし,この加算において**オーバフロー**(overflow)は生じないものとする。

X,Y の符号の正負により,以下の四つの場合に分けて考える。

〔1〕 **X,Y がともに正**
　　$X = X^*$, $Y = Y^*$
　　$Z = X + Y$
　　$Z^* = X^* + Y^*$

となる。

例 2.17 符号ビットを含めて 8 ビットで考える。

$$
\begin{array}{r}
0001\,0110 \\
+\ 0000\,1110 \\
\hline
0010\,0100
\end{array}
\quad \cdots \quad
\begin{array}{r}
22_{10} \\
+\ 14_{10} \\
\hline
36_{10}
\end{array}
$$

〔2〕 X：正, Y：負

$X = X^*$, $Y = 2^n - Y^* = 2^{n-1} + (2^{n-1} - Y^*)$
　　　　　　　　　　　　　$\vdots$　　　　　$\vdots$
　　　　　　　　　　　　符号桁　　　数値部

(a) $X^* \geqq Y^*$ のとき

$Z = X + Y = X^* + 2^n - Y^* = 2^n + (X^* - Y^*)$

となる。この式で，2^n は符号桁より上位の値であるから無視できる。したがって，Z の符号ビットは 0 で，絶対値は $X^* - Y^*$ となり正しい結果となる。

例 2.18

```
  0001 0110     …      22₁₀
+ 1111 0010     …    − 14₁₀
─────────            ──────
①0000 1000     …       8₁₀
↑
桁上げ（無視する）
```

(b) $X^* < Y^*$ のとき

$Z = X + Y = X^* + 2^n - Y^* = 2^n - (Y^* - X^*)$

となる。この式で $0 < Y^* - X^* < 2^{n-1}$ であるから

$2^{n-1} < 2^n - (Y^* - X^*) < 2^n$

となる。したがって Z の符号ビットは 1，すなわち負で，数値部は絶対値 $Z^* = Y^* - X^*$ の 2 の補数表示となる。

例 2.19

```
  0000 1110     …      14₁₀
+ 1110 1010     …    − 22₁₀
─────────            ──────
  1111 1000     …    −  8₁₀
```

---

〔3〕 X：負, Y：正のときは〔2〕と同様

〔4〕 X, Y：負

$Z = X + Y = 2^n - X^* + 2^n - Y^* = 2^n + 2^n - (X^* + Y^*)$

となる。

　この式で，加算結果に影響を与えない第1項の 2^n を無視すると
$$Z = 2^n - (X^* + Y^*)$$
となる。また，$0 < X^* + Y^* < 2^{n-1}$ であるから
$$2^{n-1} < 2^n - (X^* + Y^*) < 2^n$$
となる。したがって，Z の符号ビットは1，すなわち負で，数値部は絶対値 $Z^* = X^* + Y^*$ の2の補数表示となる。

例 2.20

```
    1110 1010     ⋯      - 22₁₀
  + 1111 0010     ⋯      - 14₁₀
  ─────────────
  ①1101 1100     ⋯      - 36₁₀
  ↑
```
桁上げ（無視する）

$$\text{例 2.20: } (-22_{10}) + (-14_{10}) = -36_{10}$$

（桁上げの① は無視する）

演 習 問 題

【1】 負数を2の補数で表現する固定小数点表示において，n ビットで表現できる整数の範囲を求めよ。小数点は LSB の右にあるものとする。

【2】 つぎのかっこの中に適当な値を入れよ。
　　（1） 10進数の 0.75 を 16進数で表現すると (a) である。
　　（2） 16進数の 0.8 を 10進数で表現すると (b) である。
　　（3） 10進数の 78 を 8ビットの2進数で表現すると (c) である。
　　（4） 2進数の 101 0110 は 10進数では (d) である。
　　（5） 2進数の 101 0110 は 16進数では (e) である。

【3】 つぎの数の1の補数と2の補数を求めよ。
　　（1） 101 0110
　　（2） 011 1000

【4】 10進数の 882 の 9 の補数を求め，それを 8ビットの2進数で表現せよ。

2. コンピュータでのデータ表現

【5】 10進数で表現した以下の数値の中で，2進数に変換した場合に誤差を含まないものはどれか。

　　(a) 12.3　　(b) 23.4　　(c) 34.5　　(d) 45.6

【6】 16ビットではいくつの種類の状態を表現することができるか。

【7】 仮数部が24ビットである浮動小数点形式で表現した数の有効桁数を求めよ。

【8】 1語32ビットとして，浮動小数点表示でつぎの実数を表現せよ。

　　(1) 813_{10}

　　(2) 8.13_{10}

【9】 浮動小数点表示で，仮数部が0以外のときに仮数部のビットを有効に使用するため，小数点の右側が有効数字となるように指数を設定することをなにというか。

【10】 負の数値を2の補数で表す二つの固定小数点数，0100 1100 と 1110 0111 がある。この二つの数値の加算結果を16進数で表現するといくつになるか。ただし，小数点はLSBの右にあるものとする。

【11】 二つの2進小数 $A = 0.1001$ と $B = 0.0100$ について下記の演算を行え。ただし，負の数値は2の補数表現とする。

　　(1) $A + B$

　　(2) $A - B$

　　(3) $B - A$

　　(4) $-A - B$

3

ブール代数とディジタル回路

　コンピュータシステムでは，さまざまな演算や記憶などは1と0からなる2値論理に基づくディジタル回路で行われている。本章では，ディジタル回路を設計する上での基礎となるブール代数と基本組合せ回路について説明する。さらに，メモリなどに用いられる順序回路についても説明する。

3.1 ブール代数

　ブール代数（Boolean algebra）は，論理的思考を数学的に表す記号論理学として考案されたもので，1854年，George Booleによって提案された。現在では，**論理代数**（logical algebra）とも呼ばれている。
　ブール代数は論理回路の設計や，論理動作の解析などに広く用いられている。
　〔1〕**命題と真理値**　　論理学では，真偽を判定できる表現を**命題**（proposition）という。例えば，「テニスはスポーツである」という表現があったとすると，これは正しい表現と判断できるので真の命題である。命題のとり得る値を**真理値**（truth value）と呼び，**真**（true）か**偽**（false）のいずれかの値をとる。
　また，命題をいくつか組み合わせて別の命題を表現することもできる。この新しい命題も真か偽のいずれかの値をもっている。このように，ある命題の真偽をもとに他の命題の真偽を導くのが**命題論理**である。
　〔2〕**ブール代数**　　命題論理での命題を変数で表現し，代数化して得られ

たのがブール代数である。ここで，命題を表現する記号を**論理変数**（logic variable）といい，その値は，命題論理の真と偽に対応し，それぞれ1と0で表現する。すなわち，ある命題Aが真のとき$A=1$，命題Aが偽のとき$A=0$とする。

ブール代数には三つの基本演算がある。二つの命題A，Bに対して，「AかつB」，「AまたはB」，「Aでない」を考え，それぞれ**論理積**（AND），**論理和**（OR），**否定**（NOT）という。ブール代数では，これらを，それぞれ$A \cdot B$，$A+B$，$\overline{A}$のように表す。**表3.1**にそれらの**真理値表**（truth table）を示す。真理値表は，ブール代数の演算の結果を示す表である。表(a)の論理積は，AとBがともに1のとき，その値が1となる。また，表(b)の論理和は，AまたはBの少なくとも一方が1のとき，その値が1となる。さらに，表(c)の否定は，Aの否定がその値となる。

表 3.1 基本論理演算の真理値表

(a) 論理積　$F = A \cdot B$

A	B	F
0	0	0
0	1	0
1	0	0
1	1	1

(b) 論理和　$F = A + B$

A	B	F
0	0	0
0	1	1
1	0	1
1	1	1

(c) 否定　$F = \overline{A}$

A	F
0	1
1	0

この・や+や ¯ などの記号を**論理演算記号**という。論理演算記号のうち，論理積を表す・は省略することがある。

また，論理演算を直感的に理解する方法として，**図3.1**に示す**ベン図**（Venn diagram）がある。図(a)は，AとBの共通部分が論理積$A \cdot B$であることを示している。図(b)は，AまたはBの領域が論理和$A+B$を表している。図(c)は，円の内部をAとすると，円の外部が否定$\overline{A}$であることを表している。また，図(d)は，AとBの共通部分以外の領域がAとBのNAND（Not AND）を表し，図(e)はAまたはB以外の領域がAとBのNOR（Not OR）を表している。

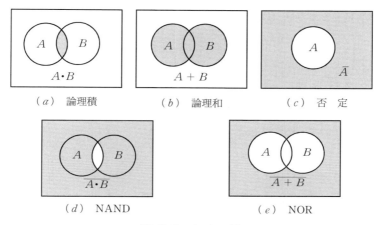

図 3.1 ベ ン 図

〔3〕 ブール代数の基本定理　A, B, C を 0 または 1 の値をとる 2 値論理変数とする。

(*a*) 同 一 則

$$\begin{cases} A + A = A \\ A \cdot A = A \end{cases}$$

(*b*) 吸 収 則

$$\begin{cases} A + 1 = 1 \\ A \cdot 0 = 0 \end{cases} \quad \begin{cases} A + 0 = A \\ A \cdot 1 = A \end{cases} \quad \begin{cases} A + A \cdot B = A \\ A \cdot (A + B) = A \end{cases}$$

(*c*) 否 定 則　　　(*d*) 交 換 則

$$\begin{cases} A + \overline{A} = 1 \\ A \cdot \overline{A} = 0 \end{cases} \qquad \begin{cases} A + B = B + A \\ A \cdot B = B \cdot A \end{cases}$$

(*e*) 結 合 則

$$\begin{cases} (A + B) + C = A + (B + C) \\ (A \cdot B) \cdot C = A \cdot (B \cdot C) \end{cases}$$

(*f*) 分 配 則

$$\begin{cases} A \cdot (B + C) = A \cdot B + A \cdot C \\ A - B \cdot C = (A + B) \cdot (A + C) \end{cases}$$

34   3. ブール代数とディジタル回路

(g) **ド・モルガン** (De Morgan) **の定理**

$$\begin{cases} \overline{A+B} = \overline{A}\cdot\overline{B} \\ \overline{A\cdot B} = \overline{A} + \overline{B} \end{cases}$$

(h) **双対定理**　上記 (a) から (g) において，+ と・を，また，0 と 1 を入れ替えてもその等式は成立する。これを双対定理という。

また，つぎの二つの公式はよく用いられる。

1) $A + \overline{A}\cdot B = A + B$

 (証明)

$$\begin{aligned}
A + \overline{A}\cdot B &= A\cdot 1 + \overline{A}\cdot B = A\cdot(B+\overline{B}) + \overline{A}\cdot B \\
&= A\cdot B + A\cdot\overline{B} + \overline{A}\cdot B \\
&= (A\cdot B + \overline{A}\cdot B) + (A\cdot B + A\cdot\overline{B}) \\
&= B\cdot(A+\overline{A}) + A\cdot(B+\overline{B}) = A + B
\end{aligned}$$

2) $A + B\cdot\overline{B} = (A-B)\cdot(A+\overline{B})$

 (証明)

$$\begin{aligned}
A + B\cdot\overline{B} &= A\cdot 1 + B\cdot\overline{B} = A\cdot(B+\overline{B}) + B\cdot\overline{B} + A\cdot A \\
&= A\cdot(A+\overline{B}) + B\cdot(A+\overline{B}) = (A+B)\cdot(A+\overline{B})
\end{aligned}$$

3.2　基本組合せ回路

コンピュータの基本動作は，**ゲート回路** (gate circuit) と呼ばれる電子回路で制御される。ここでは，いくつかのゲート回路とそれから構成される**組合せ回路** (combinational circuit) について説明する。

〔**1**〕 **ゲート回路**　コンピュータの内部では，データや制御信号を表すのに **2値信号** (binary signal) が用いられている。この2値信号は，電流が流れているか否かや電圧が高いか低いかによって表されている。この2種類の信号を 1，0 に対応させることによって，2値信号に基づくディジタルシステムの動作と論理関数を関係付けることができる。

3.2 基本組合せ回路　35

3.1節で述べた基本論理演算などを実現するゲート回路には以下のものがある（図 **3.2**〜**3.7**）。

(*a*) **論理積**（AND）

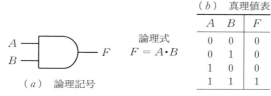

図 **3.2**

(*b*) **論理和**（OR）

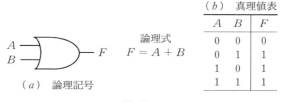

図 **3.3**

(*c*) **否定**（NOT）

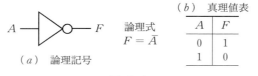

図 **3.4**

(*d*) **NAND**（Not AND）

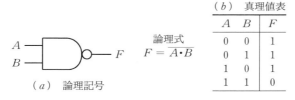

図 **3.5**

(e) **NOR** (Not OR)

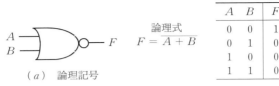

図 3.6

(f) **排他的論理和** (XOR, eXclusive OR)

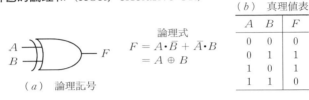

図 3.7

上記のゲート回路の中で，よく使用される NOT, NAND, NOR について，**CMOS 回路**を図 3.8 に示す．

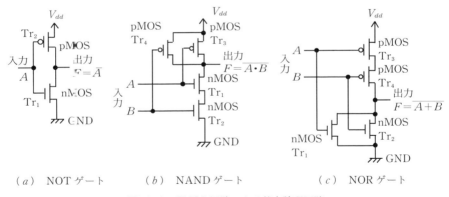

図 3.8 CMOS 回路による基本論理回路

図(a)の回路において，入力 A が High のとき，pMOS トランジスタは OFF, nMOS トランジスタは ON となり，出力 F は GND と同電位の Low となる．つぎに，入力 A が Low のとき，今度は nMOS トランジスタが

OFF，pMOSトランジスタがONとなり，出力はV_{dd}と同電位でHighとなる。以上のことから，この回路は入力信号の反転信号が出力から得られるので，NOTゲートと呼ばれる。

NOTゲートの入出力関係は，つぎの論理式で表される。

$$F = \overline{A}$$

つぎに，CMOS回路による2入力NANDゲートを図(b)に示す。この回路は，二つのpMOSトランジスタが並列に，二つのnMOSトランジスタが直列に接続された構成である。入力A，BがともにHighのとき，nMOSトランジスタはともにON，一方pMOSトランジスタはともにOFFとなるため，出力FはLowとなる。また，入力AとBの少なくとも一方がLowのとき，それに接続されたnMOSトランジスタはOFF，pMOSトランジスタはONとなる。pMOSトランジスタは並列接続であることから，出力FはHighとなる。

NANDゲートの入出力関係はつぎの論理式で表される。

$$F = \overline{A \cdot B}$$

さらにCMOS回路による2入力NORゲートを図(c)に示す。この回路では二つのpMOSトランジスタが直列に，二つのnMOSトランジスタが並列に接続された構成である。入力A，BがともにLowのとき，pMOSトランジスタはともにON，一方nMOSトランジスタはともにOFFとなるため，出力FはHighとなる。また，入力AとBの少なくとも一方がHighのとき，それに接続されたnMOSトランジスタはON，pMOSトランジスタはOFFとなる。nMOSトランジスタは並列接続であることから，出力FはLowとなる。

NORゲートの入出力関係はつぎの論理式で表される。

$$F = \overline{A + B}$$

〔2〕 **組合せ回路** 出力が現在の入力だけで決定される論理回路を，組合せ回路という。コンピュータにおける代表的な組合せ回路には，加算器，マルチプレクサ，エンコーダ，デコーダなどがある。ここでは，**図3.9**に示す3入力1出力の**多数決回路**（majority circuit）について，その構成法を考える

38 　　3. ブール代数とディジタル回路

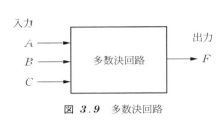

図 3.9 多数決回路

表 3.2 真理値表

入力			出力
A	B	C	F
0	0	0	0
0	0	1	0
0	1	0	0
0	1	1	1
1	0	0	0
1	0	1	1
1	1	0	1
1	1	1	1

ことにする。この多数決回路の真理値表を**表 3.2** に示す。

　真理値表から論理式を導く場合，はじめに真理値表の中の出力 F が論理1となる場合の入力に着目する。この例では4通りあるが，その一つの $A=0$, $B=1$, $C=1$ の入力に対して出力を1とするためには，入力が0のときはその反転を，1のときはそのままの形で取り出し，それらの論理積 $\overline{A} \cdot B \cdot C$ をとる。同様に，出力が1となるほかの三つの場合は，$A \cdot \overline{B} \cdot C$, $A \cdot B \cdot \overline{C}$, $A \cdot B \cdot C$ となる。出力 F が1となるのは以上の四つの場合のいずれかであることから，出力は式 (3.1) のようにそれらの論理和で表すことができる。

$$F = \overline{A} \cdot B \cdot C + A \cdot \overline{B} \cdot C + A \cdot B \cdot \overline{C} + A \cdot B \cdot C \qquad (3.1)$$

　この式が正しいことは，表3.2のすべての入力の値を代入することによって確認できる。例えば，この表の最後の行はつぎのようになる。

$$F = \overline{1} \cdot 1 \cdot 1 + 1 \cdot \overline{1} \cdot 1 + 1 \cdot 1 \cdot \overline{1} + 1 \cdot 1 \cdot 1 = 0 \cdot 1 \cdot 1 + 1 \cdot 0 \cdot 1$$
$$+ 1 \cdot 1 \cdot 0 + 1 \cdot 1 \cdot 1 = 1$$

　式 (3.1) のように，真理値表の出力 F が1となる場合に着目し，変数の論理積の項を論理和の形で表した式を，**主加法標準形** (principal disjunctive canonical form) という。

　また，つぎのように $F=0$ に着目して，論理和の項を論理積の形で表した式を，**主乗法標準形** (principal conjunctive canonical form) という。

$$\overline{F} = \overline{A} \cdot \overline{B} \cdot \overline{C} + \overline{A} \cdot \overline{B} \cdot C + \overline{A} \cdot B \cdot \overline{C} + A \cdot \overline{B} \cdot \overline{C}$$

$$\therefore F = \overline{\overline{A}\cdot\overline{B}\cdot\overline{C} + \overline{A}\cdot\overline{B}\cdot C + \overline{A}\cdot B\cdot\overline{C} + A\cdot\overline{B}\cdot\overline{C}}$$
$$= (A + B + C)\cdot(A + B + \overline{C})\cdot(A + \overline{B} + C)\cdot(\overline{A} + B + C)$$
$$(3.2)$$

3.3 論理回路の簡単化

3.2 節で求めた主加法標準形や主乗法標準形の論理式をそのまま論理回路で実現すると,一般には,**冗長**(redundancy)なゲート回路やそれに伴う配線が含まれている。そこで,論理式の簡単化を行うことでゲート回路数を減少できれば,論理回路の小型化,段数の削減による処理の高速化とともに信頼性の向上が期待できる。

ここでは,論理式による簡単化とカルノー図(Karnaugh map)による簡単化を取り上げる。

〔**1**〕 **論理式による簡単化** この簡単化の基本原理は,ブール代数の定理の $A + \overline{A} = 1$ などを用いて冗長性を減らしていく方法である。式 (3.1) を例にとれば以下のように簡単化できる。

$$\begin{aligned}
F &= \overline{A}\cdot B\cdot C + A\cdot\overline{B}\cdot C + A\cdot B\cdot\overline{C} + A\cdot B\cdot C \\
&= B\cdot C\cdot(\overline{A} + A) + A\cdot\overline{B}\cdot C + A\cdot B\cdot\overline{C} \quad\text{……分配則} \\
&= B\cdot C\cdot 1 + A\cdot\overline{B}\cdot C + A\cdot B\cdot\overline{C} \\
&= B\cdot C + A\cdot\overline{B}\cdot C + A\cdot B\cdot\overline{C} \\
&= C\cdot B + C\cdot\overline{B}\cdot A + A\cdot B\cdot\overline{C} \\
&= C\cdot(B + \overline{B}\cdot A) + A\cdot B\cdot\overline{C} \quad\text{……分配則} \\
&= C\cdot(B + A) + A\cdot B\cdot\overline{C} \quad\text{……3.1 節の公式より} \\
&= C\cdot B + C\cdot A + A\cdot B\cdot\overline{C} \\
&= B\cdot C + A\cdot C + A\cdot\overline{C}\cdot B \\
&= B\cdot C + A\cdot(C + \overline{C}\cdot B) \quad\text{……分配則} \\
&= B\cdot C + A\cdot(C + B) \quad\text{……3.1 節の公式より} \\
&= B\cdot C + A\cdot C + A\cdot B
\end{aligned}$$

$$= A \cdot B + B \cdot C + C \cdot A$$

この例のように,変数や項の数が少ない場合には,論理式の変形により比較的容易に,簡単化した式を導くことができる。

〔2〕 **カルノー図による簡単化** カルノー図は,論理関数の簡単化を図形的に求める方法である。図 3.10 に示すように,変数を二つのグループに分けて行列を作る。3変数のカルノー図は 2^3 個のセルからなり,各セルはその変数の組合せに対する基本積に対応する。カルノー図を作成する上で注意すべきことは,入力変数の各セルへの割当てに関して,たがいに隣り合う入力変数の組合せがつねに1ビットだけ異なるように,かつ,全体としてそれらがたがいにサイクリックになるように決めることである。すなわち,図 3.10 に示すように,AB に関して 00,01,11,10 と並べることが簡単化のために必要となる。

$A \cdot B$ \ C	00	01	11	10
0	$\bar{A} \cdot \bar{B} \cdot \bar{C}$	$\bar{A} \cdot B \cdot \bar{C}$	$A \cdot B \cdot \bar{C}$	$A \cdot \bar{B} \cdot \bar{C}$
1	$\bar{A} \cdot \bar{B} \cdot C$	$\bar{A} \cdot B \cdot C$	$A \cdot B \cdot C$	$A \cdot \bar{B} \cdot C$

図 3.10　3変数のカルノー図

〔3〕 **簡単化の手順**

(a) 簡単化しようとする論理式の各項に対応するカルノー図のセルに"1"を記入する。

(b) その"1"を以下の要領でループで囲む。

可能な限り行のセルの数,列のセルの数が2のベキ乗で,かつ,最大のグループになるように囲む。隣り合わないます目や対角線上のセルの"1"はループで囲まない。また,ループは重複してもよい。以下の手順となる。

1) 8個でループになる"1"を囲む。
2) 4個でループになる"1"を囲む。
3) 2個でループになる"1"を囲む。

4)　1個でループになる"1"を囲む。

(c)　以下の手順で簡単化した式を求める。

1)　各ループごとに変数の積で表された項を取り出す。その際，同じループの中で変数の値が"1"と"0"の両方の値をもつ変数は省略する。

2)　変数の値が"0"のものはその変数の否定を取り出し，"1"のものはそのまま取り出して論理積の項を作る。

3)　これらの項の論理和をとると，簡単化した論理式が得られる。

例題の多数決回路について，図 **3.11** にカルノー図を示し，手順に従って簡単化する。

$A \cdot B$ \ C	00	01	11	10
0			1	
1		1	1	1

図 **3.11**　簡単化の手順

その結果，簡単化した式はつぎのようになる。

$$F = A \cdot B + B \cdot C + C \cdot A \tag{3.3}$$

この式で，例えば右辺の第1項は図の縦長のループから得た結果を示している。これを式から求めると

$$A \cdot B \cdot \overline{C} + A \cdot B \cdot C = A \cdot B \cdot (\overline{C} + C) = A \cdot B$$

となる。ほかの二つのループについても同様に求めることができ，結局，簡単化した式 (3.3) が得られる。

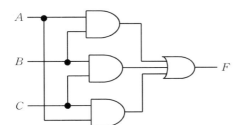

図 **3.12**　ゲート回路を用いた多数決回路

つぎに，簡単化された論理式をもとに，論理回路をゲート回路を用いて構成すると図 3.12 のように表される。

3.4 順序回路

コンピュータを構成する回路には，組合せ回路のほかに，過去の入力系列が記憶されていて，その状態と現在の入力によって出力と新しい記憶状態が決定される論理回路がある。これを**順序回路**（sequential circuit）という。このような順序回路の例として，身の回りには自動販売機や自動券売機がある。

順序回路では，記憶のための回路として**フリップフロップ**（flip-flop）が用いられている。フリップフロップは，出力を入力側に戻すフィードバックを利用して，二つの安定状態を作り出すように構成された回路である。

3.4.1 フリップフロップ

〔1〕 **RS フリップフロップ**（reset set flip-flop）　図 3.13 (a) に NAND ゲートを用いた **RS フリップフロップ**の構成を示す。この図で，$\overline{S}$ はセット（Set）入力，$\overline{R}$ はリセット（Reset）入力，Q は出力，$\overline{Q}$ は反転出力を表す。また，図 (b) は，ド・モルガンの定理より，入出力の極性を考慮した NAND ゲート表現による RS フリップフロップの構成を示している。

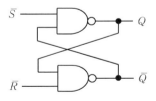 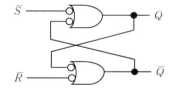

（a） NAND ゲートによる　　　（b） 入出力の極性を考慮した表現
　　 RS フリップフロップ

図 3.13　RS フリップフロップ

表 3.3 は，RS フリップフロップの入力に H（High）または L（Low）を加えた場合の入出力関係を示している。また，表 3.3 の H を 1，L を 0 に対

表 3.3 RSフリップフロップの遷移表

No.	出力の初期状態		入力		出力	
	Q	$\bar{Q}$	$\bar{S}$	$\bar{R}$	Q	$\bar{Q}$
1	H	L	L	L	H	H(不定)
2	H	L	L	H	H	L
3	H	L	H	L	L	H
4	H	L	H	H	H	L
5	L	H	L	L	H	H(不定)
6	L	H	L	H	H	L
7	L	H	H	L	L	H
8	L	H	H	H	L	H

表 3.4 RSフリップフロップの特性表

	入力		出力		備考
	$\bar{S}$	$\bar{R}$	Q	$\bar{Q}$	
①	1	1	保	持	
②	0	1	1	0	セット
③	1	0	0	1	リセット
④	0	0	1	1	(不定)

応させてまとめたものが**表3.4**である。表3.4で，①のように，$\bar{S}$, $\bar{R}$ をともに1にすると，Q, $\bar{Q}$ は前の状態を保持する。

つぎに，$\bar{S} = 0$, $\bar{R} = 1$ にすると②のように前の状態に依存せず，$Q = 1$, $\bar{Q} = 0$ となる。この場合をセットと呼ぶ。反対に，③のように $\bar{S} = 1$, $\bar{R} = 0$ にすると，$Q = 0$, $\bar{Q} = 1$ となり，この場合をリセットと呼ぶ。

以上のことから，入力に関しては0で能動（active）となる。一方，出力に関しては，1が出力ありの状態である。

このフリップフロップで注意を要するのは，④のように $\bar{S}$, $\bar{R}$ がともに0の場合である。この場合は，$\bar{S}$, $\bar{R}$ ともに能動の状態であるので，Q, $\bar{Q}$ はともに1が出力されるが，一般には，**禁止**または**不定**といわれる。その理由として，Q と $\bar{Q}$ のいずれか一方が0なら他方は1となることを前提にして回路を設計した場合，入力がともに0となると，フリップフロップを構成する二つのゲートの信号伝搬時間の違いにより誤動作を生じることがある。この場合を以下に示す。

図 3.14 は，表3.4の①から④の各入力に対する出力を，タイムチャート形式で示している。

この図で，④のように $\bar{S}$, $\bar{R}$ をともに0にすると，Q, $\bar{Q}$ はともに1となる。しかし，その後，$\bar{S}$, $\bar{R}$ が 0, 0から同時に 1, 1 に変化すると，Q は 1か0のいずれかになるか確定しないので，不定や禁止と呼ばれている。したがって，このフリップフロップを使用する場合は，この点を注意しなければな

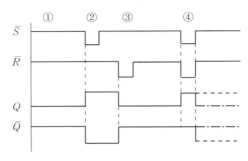

図 3.14 RS フリップフロップの動作例

らない。

〔2〕 **RST フリップフロップ**　RST フリップフロップは，RS フリップフロップを同期パルス（クロックパルス）によって動作させたもので，図 3.15 にその構成を示す。

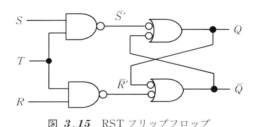

図 3.15 RST フリップフロップ

この回路で，クロック $T=0$ のときは，$\bar{S}'$ および $\bar{R}'$ はつねに 1 となり，これは表 3.4 の①に対応するので，前の状態を保持する。つぎに，$T=1$ に変化すると，$S=1$ かつ $R=0$ なら，$\bar{S}'=0$，$\bar{R}'=1$ となり，その動作は RS フリップフロップの表 3.4 の②に対応する。

RST フリップフロップの特性表を**表 3.5** に示す。

〔3〕 **JK フリップフロップ**　RS フリップフロップや RST フリップフロップでは，入力の値によって出力が不定となる場合が生じる。

JK フリップフロップは，そのような入力でも出力が確定するように構成されたフリップフロップである。J 入力は，RST フリップフロップの S 入力

3.4 順序回路

表 3.5 RST フリップフロップの特性表

入力			出力		備考
S	T	R	Q	$\overline{Q}$	
0	1	0	保	持	
0	1	1	0	1	リセット
1	1	0	1	0	セット
1	1	1	1	1	(不定)

に，また K 入力は R 入力に対応する．JK フリップフロップには，**マスタスレーブ JK フリップフロップ**（master/slave JK flip-flop）と**エッジトリガ JK フリップフロップ**（edge trigger JK flip-flop）がある．

マスタスレーブ JK フリップフロップを例にとると，図 3.16 に示すように，前段をマスタフリップフロップ，後段をスレーブフリップフロップの 2 段構成としている．各フリップフロップにたがいに逆相のクロックを加えることにより，つねにどちらか一方のフリップフロップのみが能動となるように工夫している．以下，その動作について説明する．

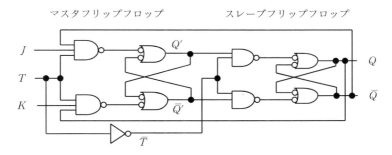

図 3.16 マスタスレーブ JK フリップフロップ

クロック T が 0 から 1 に立ち上がると，マスタフリップフロップの 1 段目の NAND ゲートの出力が J，K 入力の値に応じて変化する．ここで，NAND ゲートへのもう一つの入力である JK フリップフロップの出力 Q，$\overline{Q}$ から入力へのフィードバックによって，両方が同時に 0 とならないように制御されている．一方，スレーブフリップフロップへのクロックは 0 となるので，その結果，出力 Q，$\overline{Q}$ は前の状態を保持したままである．

つぎに，クロックが 1 から 0 に立ち下がると，マスタフリップフロップの入力ゲートは閉じ，J，K，Q，$\overline{Q}$ が変化してもマスタフリップフロップの出力 Q'，$\overline{Q}'$ は変化せず保持されたままとなる。一方，スレーブフリップフロップには，$\overline{T}$ が 1 で入力ゲートが開き，マスタフリップフロップと同じ内容がセットされる。すなわち，このとき最終出力 Q，$\overline{Q}$ が変化する。

マスタスレーブ JK フリップフロップの論理記号を**図 3.17** に示す。この図でクロック T の前の○印はクロックの立ち下がりで出力が得られることを表している。また，**表 3.6** にその遷移表と特性表を示す。これらの表より，マスタスレーブ JK フリップフロップの特性方程式はつぎのように表せる。

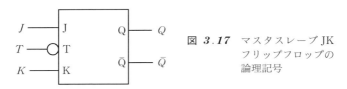

図 3.17 マスタスレーブ JK フリップフロップの論理記号

表 3.6 マスタスレーブ JK フリップフロップの遷移表と特性表

(a) 遷移表

現在の状態 Q	入力後の状態 Q_+ 入力 JK			
	0 0	0 1	1 1	1 0
0	0	0	1	1
1	1	0	0	1

(b) 特性表

J	K	Q_+
0	0	Q
0	1	0
1	1	$\overline{Q}$
1	0	1

$$Q_+ = J \cdot \overline{Q} + \overline{K} \cdot Q$$

ここで，Q は現在の出力を，Q_+ はクロック入力（立ち下がり）後の出力状態を表す。

マスタスレーブ JK フリップフロップでは，$J=1$，$K=0$ のときがセット動作，$J=0$，$K=1$ のときがリセット動作，そして $J=1$，$K=1$ のときが出力の反転動作（toggle）となる。

〔**4**〕 **D フリップフロップ**　　**D** フリップフロップ（data flip-flop, delay flip-flop) は，D 入力とクロック入力をもつフリップフロップで，D 入力の信号が記憶され，1 ビットタイム遅れて出力される。図 3.18 にその論理記号を，表 3.7 にその遷移表と特性表を示す。また，特性方程式は，$Q_+ = D$ と表せる。

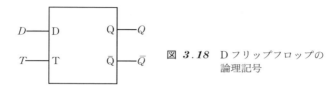

図 3.18 D フリップフロップの論理記号

表 3.7 D フリップフロップの遷移表と特性表

(a) 遷移表			(b) 特性表	
現在の状態 Q	入力後の状態 Q_+		D	Q_+
	入力 D		0	0
	0	1	1	1
0	0	1		
1	0	1		

マスタスレーブ JK フリップフロップを用いた D フリップフロップを，図 3.19 に示す。

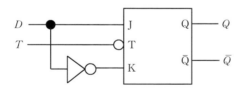

図 3.19 マスタスレーブ JK フリップフロップを用いた D フリップフロップの構成

〔5〕**T フリップフロップ**　T フリップフロップ（trigger flip-flop）は，図 3.20 に示すように 1 本の入力信号線をもち，入力が加わるごとに出力値が反転する動作を行う。これは，1 ビットの 2 進カウント動作に相当し，2 進カウンタ（binary counter）の基本回路として使用される。表 3.8 に T フリ

48 　3．ブール代数とディジタル回路

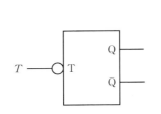

図 **3.20** Tフリップフロップの論理記号

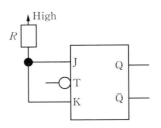

図 **3.21** マスタスレーブJKフリップフロップを用いたTフリップフロップの構成

表 **3.8** Tフリップフロップの遷移表と特性表

(a) 遷移表		(b) 特性表	
現在の状態 Q	入力後の状態 Q_+ 入力 T $1 \to 0$	T	Q_+
0	1	0	$\bar{Q}$
1	0	1	Q

ップフロップの遷移表と特性表を示す．また，マスタスレーブJKフリップフロップを用いたTフリップフロップを図 **3.21** に示す．この図のように，J 入力と K 入力とを直接に接続し，High 信号を加えることにより，マスタスレーブJKフリップフロップにおける J と K がともに1の場合に相当し，クロック入力の立下りのたびに出力は反転する．

3.4.2 カ ウ ン タ

カウンタ (counter) は，入力されたパルスの個数をカウントし，その数を2進数として保持する機能を有し，フリップフロップで構成される．例えば，1個のTフリップフロップでは，クロックの立ち下がりに応じて出力が変化するので，2個のクロックで1個の出力パルスが出ることになる．

〔**1**〕 **非同期式カウンタ**　図 **3.22**(a) のようにTフリップフロップを3個直列に接続すると，図(b)に示すように，2段目のTフリップフロップの出力 Q_1 は4個のクロックパルスに対して1個のパルスが生じ，また，3段

3.4 順序回路　49

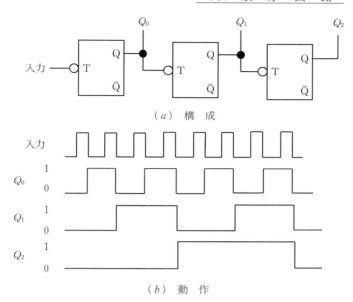

(a) 構成

(b) 動作

図 3.22 Tフリップフロップによる
8進カウンタの構成と動作

目のTフリップフロップの出力 Q_2 は8個のクロックパルスに対して1個パルスが発生する。このように，前段のフリップフロップの出力が次段のフリップフロップの入力となるカウンタを**非同期式カウンタ**（asynchronous counter）という。

図 (b) の動作は，**表 3.9** のように表せる。ここで，Q_2 をMSB，Q_0 をLSBとし，3ビットの2進数として考えると，Tフリップフロップ3個では3ビットの2進数分までカウントできる。

一般に，n 個のTフリップフロップを図 (a) のように直列接続すると，入

表 3.9 8進カウンタの動作

T	T_0	T_1	T_2	T_3	T_4	T_5	T_6	T_7	T_8	⋯
Q_0	0	1	0	1	0	1	0	1	0	
Q_1	0	0	1	1	0	0	1	1	0	
Q_2	0	0	0	0	1	1	1	1	0	

T_i：i 番目の入力パルス発生後の時刻

力クロックを 0 から 2^n-1 までカウントできる。また，2^n 進カウンタは 2^n 個のクロックで 1 パルスの出力が得られるので，$1/2^n$ のクロック分周ができる。例えば，3 段のカウンタでは，100 MHz のクロック入力に対して，出力側では 12.5 MHz になる。

図 (a) のように，カウント数が増えていく形のカウンタを**アップカウンタ** (up counter) という。

一方，図 **3.23** のように，最初にカウンタに数値を**プリセット**（preset）しておき，クロックが入るたびに 1 ずつディクリメント（decrement）するカウンタを，**ダウンカウンタ**（down counter）という。

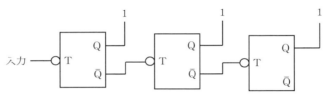

図 **3.23**　8 進ダウンカウンタ

つぎに，2^n 進とならないカウンタについて考える。例えば，10 進カウンタでは，出力 Q_3, Q_2, Q_1, Q_0 に対応してカウントが 0000 → 0001 → ⋯ → 1001 と行われるが，そのつぎの 1010 の出力と同時に強制的に 0000 にする必要がある。そのために，出力がすべて 1 となる Q_3, $\bar{Q_2}$, Q_1, $\bar{Q_0}$ でゲートし，その出力を図 **3.24** に示すように T フリップフロップのクリア端子に加えること

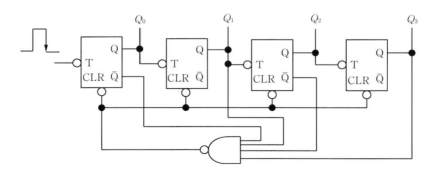

図 **3.24**　非同期式 10 進カウンタ

で，非同期式10進カウンタを構成することができる。

〔2〕 **同期式カウンタ**　非同期式カウンタでは，各フリップフロップの出力パルスが次段のフリップフロップの入力となるため，後段にいくほど動作に遅れが生じる結果となる。これを避ける方法として，クロックをすべてのフリップフロップに加えたカウンタが提案されている。このようなカウンタを，**同期式カウンタ**（synchronous counter）という。

表 3.9 のカウント動作からもわかるように，任意のフリップフロップの出力が0から1に変化するのは，それ以前のフリップフロップの出力がすべて1のときに，つぎのクロックが発生した時点である。すなわち，これを同期式カウンタで実現するためには，自分より前のフリップフロップの出力がすべて1のとき，自分自身の出力を反転させればよいので，自分より前のフリップフロップの出力すべての AND をとり，J 入力と K 入力に加えればよいことがわかる。例えば，同期式8進カウンタの回路構成は図 **3.25** のようになる。

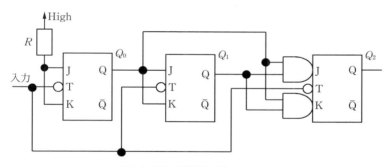

図 3.25 同期式8進カウンタ

つぎに，非同期式と比較する意味で，同期式10進カウンタの回路構成について考える。同期式の場合は，非同期式と異なり，各桁の出力 Q_3, Q_2, Q_1, Q_0 に対応してカウントが 0000 → 0001 → ⋯ → 1001 と10進数の9をカウントした時点で，入力 J, K になんらかの操作をしてカウンタの出力をつぎのクロックで 0000 に戻す必要がある。これを実現するための真理値表と操作表を**表 3.10** に示す。ここで，"進めない"とは，そのビットを保持することを意

52   3. ブール代数とディジタル回路

表 3.10 真理値表と操作表

ビット カウント	Q_0 2^0	Q_1 2^1	Q_2 2^2	Q_3 2^3
0	0	0	0	0
1	1	0	0	0
2	0	1	0	0
3	1	1	0	0
4	0	0	1	0
5	1	0	1	0
6	0	1	1	0
7	1	1	1	0
8	0	0	0	1
9	1	0	0	1
10	0	1	0	1
0	0	0	0	0
操作	そのまま	進めない	そのまま	進める

味している。そのためには，9のデコード出力でANDゲートを閉じて出力を0にする操作を行う。すなわち，カウント9のときのそのビットを保持すればよいので，JとKともに0を加えることで実現できる。また，"進める"場合，すなわち反転は，9のデコード出力でORゲートの出力を強制的に1にして，J入力とK入力に加えている。さらに，"そのまま"という場合がQ_0とQ_2にあるが，出力Q_0を有するフリップフロップのJとKの両入力には，プルアップ抵抗を介して電源電圧を加えればよい。一方，出力Q_2を有するフリップフロップのJとK入力には，前段のすべてのフリップフロップの出力の

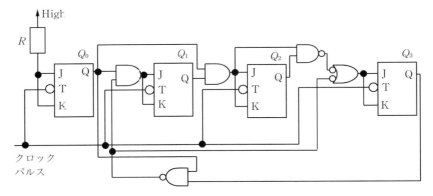

図 3.26 同期式10進カウンタ

ANDをとり，その出力を加えればよい。

図 **3.26** に同期式10進カウンタの構成例を示す。

3.4.3 レジスタ

演算処理などで，一時的にデータを記憶しておくための順序回路を**レジスタ**（register）という。一般に，N ビットからなるレジスタは，N 個のフリップフロップで構成される。

レジスタには，N ビットのデータが並列的に入力され，それが同時に N 個のフリップフロップに記憶され，並列に出力される並列型レジスタと制御パルス（シフトパルス）によってデータがレジスタに1ビットずつ右シフトしながら取り込まれ，1ビットずつ出力される直列型レジスタがある。後者は，特に**シフトレジスタ**（shift register）と呼ばれる。

図 **3.27** は，上記の二つの機能のほか，直列にデータを取り込み，並列に出力する**直並列**（シリアル―パラレル）**変換**と並列にデータを取り込み，直列に出力する**並直列**（パラレル―シリアル）**変換**の合計四つの機能を有する4ビットレジスタの例である。

並列データ入力を行う場合，4ビットのデータはデータセットパルスによっ

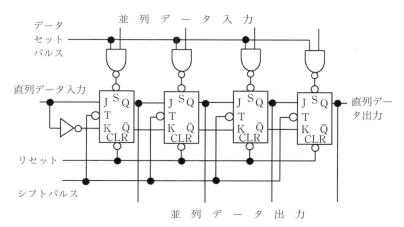

図 **3.27**　四つの機能を有する4ビットレジスタ

てフリップフロップに同時に取り込まれる。また，シフトレジスタとして用いる場合は，直列データ入力から4個のシフトパルスによって取り込まれ，さらに4個のシフトパルスによって記憶されているデータすべてが直列データ出力から出力される。レジスタの2進数値データを右に n ビットシフトすることは 2^n で割ったことに相当し，一方，左に n ビットシフトすることは元の値に 2^n を乗じたことに相当するので，比較的簡単な除算や乗算がシフトレジスタを用いて実現できる。

演 習 問 題

【1】 論理変数 x と y の論理積と同じ結果を論理和と排他的論理和を用いて表現せよ。

【2】 つぎの各論理式を NAND だけを用いて表現せよ。
  （1） $f = x \cdot \bar{y} + \bar{x} \cdot z$　（2） $f = x \cdot y \cdot z + \bar{y} \cdot \bar{z} + y \cdot \bar{z}$

【3】 つぎの真理値表をもとに出力を表す式と回路を以下の手順で設計せよ。
  （1） 出力 f を主加法標準形で表せ。
  （2） カルノー図を用いて簡単化した式を求めよ。
  （3） 論理式をもとに論理回路を設計せよ。
  （4） （3）の論理回路を NOR ゲートだけを用いて設計せよ。

問表 3.1

入力			出力
A	B	C	f
0	0	0	1
0	0	1	1
0	1	0	1
0	1	1	0
1	0	0	1
1	0	1	0
1	1	0	0
1	1	1	0

【4】 関数 $f = \bar{A} \cdot B + \bar{C}$ の主加法標準形を求めよ。

【5】 つぎの論理関数をカルノー図を用いて簡単化せよ。
  （1） $f = A \cdot \bar{B} + \bar{A} \cdot B + A \cdot B$
  （2） $f = \bar{A} \cdot \bar{B} \cdot \bar{C} + A \cdot \bar{B} \cdot C + A \cdot \bar{B} \cdot \bar{C} + A \cdot B \cdot C$
  （3） $f = \bar{A} \cdot \bar{C} + A \cdot \bar{B} \cdot \bar{C} + C$
  （4） $f = \bar{A} \cdot \bar{B} \cdot \bar{C} \cdot \bar{D} + \bar{A} \cdot \bar{B} \cdot \bar{C} \cdot D + \bar{A} \cdot \bar{B} \cdot C \cdot \bar{D}$
  $\quad\quad + \bar{A} \cdot \bar{B} \cdot C \cdot D + A \cdot B \cdot C \cdot D + A \cdot B \cdot C \cdot \bar{D}$

【6】 ブール代数において，つぎの関係が成り立つことを示せ。
$$\overline{\bar{A} \cdot C + B \cdot \bar{C}} = A \cdot C + \bar{B} \cdot \bar{C}$$

演習問題　55

【7】 委員長と副委員長，書記，会計からなる委員会がある。ある議題が可決するためには，過半数の賛成があるか，または委員長とほかの1人の賛成があるときである。各メンバーは賛成を表すのにスイッチを押す。議題が可決するときにランプが点灯するようなスイッチ回路を設計せよ。

【8】 フリップフロップがセット状態のとき，出力 Q は High か Low のいずれか。

【9】 $f = \overline{\overline{x} + \overline{y}}$ と等価な演算を行うゲートはつぎのどれか。
　　（1）　OR ゲート　　（2）　AND ゲート　　（3）　NAND ゲート
　　（4）　NOR ゲート

【10】 $0 \to 1 \to 0$ と 1 カウントだけ行う 2 進カウンタを設計せよ。1 カウント終了時以降はカウントパルスが入力されてもカウントしないものとする。

【11】 問図 **3.1** の回路の出力関数 f の論理式を求めよ。

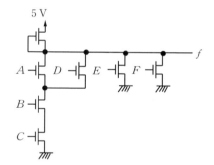

問図 **3.1**

【12】 RST フリップフロップは，入力 S, R がともに 1 のとき，クロック T が 1 となることを禁止している。つぎの回路は，S 入力ゲートの出力を R を入力とするゲートの一つの入力とするフリップフロップである。このフリップフロップにおいて，S, R, T がともに 1 のときの出力はどうなるか調べよ。

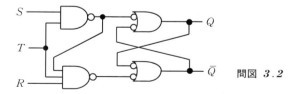

問図 **3.2**

【13】 NOR ゲートを用いた RS フリップフロップを構成せよ。

4

2進演算と算術回路

　算術回路は，コンピュータシステムでは必須の構成要素である。この算術回路が組合せ回路を用いて構成できることを示すとともに，演算が2進数を用いてどのように行われるかについて述べる。

4.1　2　進　加　算

　2進数の加算は，コンピュータで行われる演算の中でも基本的な演算の一つである。

　表4.1に，下位からの桁上げを考慮しない場合の，2進数1桁の加算の真理値表を示す。この表で，和S（sum）と上位への桁上げC（carry）が出力である。桁上げ出力Cが1となるのは，入力がともに1の場合で1+1=10となり，上位への桁上げが生ずる。この表に示す下位からの桁上げを考慮しない加算は，**半加算器**（half adder：HA）を用いて実現できる。

　図4.1(a)は，半加算器の論理記号を表し，図(b)がゲート回路を用いた具体的な論理回路である。半加算器は，ANDゲートとXOR（eXclusive

表 4.1　2進数1桁の加算の真理値表

入　力		出　力	
		和	桁上げ出力
x	y	S	C
0	0	0	0
0	1	1	0
1	0	1	0
1	1	0	1

$S = \bar{x} \cdot y + x \cdot \bar{y} = x \oplus y$
$C = x \cdot y$

4.1 2進加算

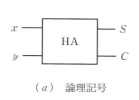
(a) 論理記号

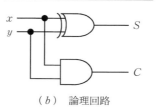
(b) 論理回路

図 *4.1* 半加算器

OR：排他的論理和）ゲートを用いて構成することができる。

つぎに下位からの桁上げが生ずる場合の加算を考える。例えば下記の加算で 2^0 の桁は1+1であるから表 *4.1* から和は0，2^1 への桁上げは1となる。この結果，2^1 の桁は1+1+1となり，この加算は表 *4.1* からでは対応できない。この場合，2^1 の桁の和の位置は1で，2^2 の桁への桁上げ1が生じることになる。

```
   1 1
 + 1 1
 ─────
 1 1 0
```

表 *4.2* は，下位からの桁上げ入力 C_{-1} を考慮した**全加算器**（full adder：FA）の真理値表を示す。

表 *4.2* 全加算器の真理値表

入力			出力	
			和	桁上げ出力
x	y	C_{-1}	S	C
0	0	0	0	0
0	0	1	1	0
0	1	0	1	0
0	1	1	0	1
1	0	0	1	0
1	0	1	0	1
1	1	0	0	1
1	1	1	1	1

この真理値表から，S と C についての論理式は

$$S = \bar{x}\cdot\bar{y}\cdot C_{-1} + \bar{x}\cdot y\cdot \bar{C}_{-1} + x\cdot \bar{y}\cdot \bar{C}_{-1} + x\cdot y\cdot C_{-1} \tag{4.1}$$

$$C = \bar{x}\cdot y\cdot C_{-1} + x\cdot \bar{y}\cdot C_{-1} + x\cdot y\cdot \bar{C}_{-1} + x\cdot y\cdot C_{-1} \tag{4.2}$$

と表せる。また，式 (4.1) を変形して

$$S = C_{-1} \cdot (\bar{x} \cdot \bar{y} + x \cdot y) + \bar{C}_{-1} \cdot (\bar{x} \cdot y + x \cdot \bar{y})$$
$$= C_{-1} \cdot \overline{(x \oplus y)} + \bar{C}_{-1} \cdot (x \oplus y) = C_{-1} \oplus (x \oplus y)$$

となる。さらに，式 (4.2) を変形して

$$C = C_{-1} \cdot (x \oplus y) + x \cdot y$$

となる。したがって，全加算器は，図 **4.2** に示すように半加算器 2 個と OR ゲート 1 個で構成できる。

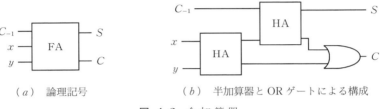

(*a*) 論理記号　　　　　(*b*) 半加算器と OR ゲートによる構成

図 **4.2** 全 加 算 器

4.2　2 進 減 算

この節では，減算の機能をもつ**半減算器** (half subtractor：HS) と**全減算器** (full subtractor：FS) について述べる。

減算では，引かれる数を**被減数** (minuend)，引く数を**減数** (subtrahend)，減じた結果を**差** (difference) と呼ぶ。借り (borrow) のある 2 進減算の例をつぎに示す。

```
    2 進表現        10 進表現
      1 0      …       2
    - 0 1      …     - 1
    ─────            ─────
      0 1      …       1
```

この例で，2 進数の 2^0 の桁では 0 から 1 が引かれるが，そのままでは引けないので，2^1 の桁からの借りが生じる。2^1 の桁の 1 は 2^0 の桁の 1 の 2 個分に相当する。したがって，2^0 の桁では 2 個の 1 から 1 個の 1 を引くことになるの

で，差は1となる。また，2^1の桁では，1を貸したので残りは0となり，この減算の結果は01となる。

半減算器の真理値表を**表 4.3**に示す。この表で，差出力Dは入力xとyの排他的論理和（XOR）と等価である。すなわち，半減算器の差出力の論理関数は，半加算器の和出力に等しい。また，借り出力の論理関数Bは入力変数のxとyを用いて$\bar{x} \cdot y$と表される。したがって，半減算器は，**図 4.3**(a)に示すようなゲート回路の組合せで実現できる。この図で，入力x，yはそれぞれ被減数，減数で出力D，Bはそれぞれ差，借りを表している。半減算器の論理記号を図(b)に示す。

表 4.3 半減算器の真理値表

入　力		出　力	
被減数 x	減数 y	差 D	借り B
0	0	0	0
0	1	1	1
1	0	1	0
1	1	0	0

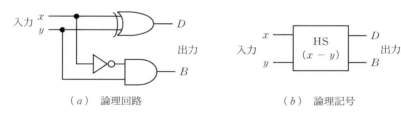

(a) 論理回路　　　　　　　　(b) 論理記号

図 4.3 半減算器

図(a)の半減算器の論理回路と図 4.1(b)の半加算器の論理回路を比較すると，ANDゲートのx側入力にインバータがあるかないかの違いである。

つぎに，借りが続く場合の減算を考えることにする。10進数の32から10を引く場合を例にとる。10進数32を2進数で表現すると，少なくとも6ビットを必要とする。各ビットに減算器を対応させた場合，2^0の桁では半減算器を用いることができるが，2^1，2^2，2^3，2^4，2^5の桁では，借り入力のある全減算

器が必要となる。

```
          2進数              10進数
        100000       …       32
     −    1010       …     − 10
        ──────              ────
         10110       …       22
```

表 4.4 に全減算器の真理値表を示す。

表 4.4　全減算器の真理値表

入力			出力 ($x - y - B_{-1}$)	
被減数	減数	借り入力	差	借り出力
x	y	B_{-1}	D	B
0	0	0	0	0
0	0	1	1	1
0	1	0	1	1
0	1	1	0	1
1	0	0	1	0
1	0	1	0	0
1	1	0	0	0
1	1	1	1	1

以下に，この真理値表に基づく減算の例を取り上げ，処理の流れを見てみることにする。

```
                2進数         10進数
    x    …    111000          56
    y    … − 010100         − 20
            ────────         ────
    D    …    100100          36
    B_{-1} …  001000
                ↖↖↖↖↖
    B    …    000100
```

2^0 の桁での減算は，半減算器または全減算器を使用する。全減算器を使用した場合は，借り入力の B_{-1} は 0 に設定する。2^0 より上位の桁での減算には，すべて全減算器を用いる。

各桁での減算のうち，2^0 の桁と 2^1 の桁では入力 x, y, B_{-1} はすべて 0 であるので，真理値表から，差 D と借り出力 B はともに 0 である。借り出力 B

は一つ上位の借り入力 B_{-1} となることを矢印で示している。

2^2 の桁では，$x = 0$, $y = 1$, $B_{-1} = 0$ であるので，$D = 1$, $B = 1$ となる。
2^3 の桁では，$x = 1$, $y = 0$, $B_{-1} = 1$ であるので，$D = 0$, $B = 0$ となる。
2^4 の桁では，$x = 1$, $y = 1$, $B_{-1} = 0$ であるので，$D = 0$, $B = 0$ となる。
2^5 の桁では，$x = 1$, $y = 0$, $B_{-1} = 0$ であるので，$D = 1$, $B = 0$ となる。

一般に，表 4.4 の真理値表から，差 D と借り出力 B は以下のように表される。

$$D = \bar{x}\cdot\bar{y}\cdot B_{-1} + \bar{x}\cdot y\cdot \bar{B}_{-1} + x\cdot\bar{y}\cdot\bar{B}_{-1} + x\cdot y\cdot B_{-1}$$
$$= \bar{B}_{-1}\cdot(x \oplus y) + B_{-1}\cdot\overline{(x \oplus y)}$$
$$= B_{-1} \oplus (x \oplus y)$$
$$B = \bar{x}\cdot\bar{y}\cdot B_{-1} + \bar{x}\cdot y\cdot\bar{B}_{-1} + \bar{x}\cdot y\cdot B_{-1} + x\cdot y\cdot B_{-1}$$
$$= B_{-1}\cdot\overline{(x \oplus y)} + \bar{x}\cdot y$$

したがって，図 4.4 (a) に示すように，全減算器は半減算器 2 個と OR ゲート 1 個で構成できる。図 (b) に全減算器の論理記号を示す。この図で，入力は x (被減数)，y (減数)，B_{-1} (借り入力)，出力は D (差) と B (借り出力) である。

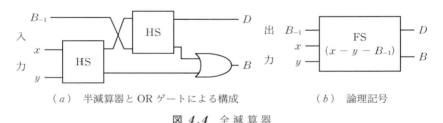

(a) 半減算器と OR ゲートによる構成　　(b) 論理記号

図 4.4 全減算器

4.3 直列加算器

数ビットからなる二つの 2 進数を，2^0 の桁 (LSB) から順次加算を行う方法を**直列加算** (serial addition) という。直列加算では，1 ビットの加算のための全加算器 1 個と，桁上げ出力を一時的に記憶しておくための 1 ビットの記憶

回路があれば十分である。

図 **4.5** に**直列加算器**（serial adder）の構成を示す。この図で，被加数，加数そして和を記憶する場所として，実際の回路ではシフトレジスタを用いることが多い。

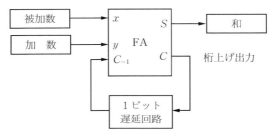

図 **4.5** 直列加算器

加数と被加数は，シフトパルスによって LSB より1ビットずつ入力され，加算結果は LSB よりビット数だけシフトすることで得られる。桁上げ出力 C は，フリップフロップで構成される1ビット遅延回路に記憶され，つぎのビット加算のときの桁上げ入力 C_{-1} となる。

例として，2進数データ 0 1010 と 0 1011 の加算を考える。和を記憶するシフトレジスタと1ビット遅延回路の初期値はともに0とする（図 **4.6**）。

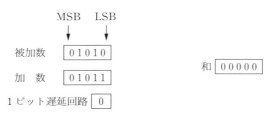

図 **4.6** 2進数データ 0 1010 と 0 1011 の加算

加算は LSB より順次行われ，各シフトレジスタの値はシフトパルスに同期して，右へ1ビットシフトする。

シフトパルス入力後の各シフトレジスタとフリップフロップの値を図 **4.7** に示す。

	被加数	00101		
1個目のシフト パルス入力後	加数	00101	和	10000
	1ビット遅延回路	0		

	被加数	00010		
2個目のシフト パルス入力後	加数	00010	和	01000
	1ビット遅延回路	1		

	被加数	00001		
3個目のシフト パルス入力後	加数	00001	和	10100
	1ビット遅延回路	0		

	被加数	00000		
4個目のシフト パルス入力後	加数	00000	和	01010
	1ビット遅延回路	1		

	被加数	00000		
5個目のシフト パルス入力後	加数	00000	和	10101
	1ビット遅延回路	0		

図 **4.7** 直列加算器の動作例

図のように，直列加算器を用いて 5 ビットからなる 2 進数の加算を行うためには，ビット数分のシフトパルスを必要とする。

一般に，直列加算器は，演算処理速度よりも回路構成の単純さを重視する場合に用いられる。

4.4 並列加算器と並列減算器

直列加算器では，加算するビット数分のクロックパルスを必要とするため，ビット数の増加とともに加算に要する時間がかかることになる。

一方，加算の高速化を図る方法として，すべてのビットを同時に加算する**並列加算方式**がある。この方法では，ビット数分だけ全加算器を必要とするためハードウェア量は増加するが，桁上げ出力をつぎの上位ビットの全加算器の桁上げ入力に加えるだけですむ。

図 **4.8** に n ビットの**並列加算器**（parallel adder）の構成を示す。

64　　4．2進演算と算術回路

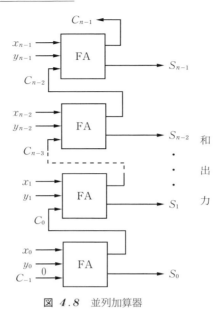

図 4.8　並列加算器

　被加数と加数は，各ビットに対応する全加算器に加えられ，和出力は各全加算器から出力される。2^0の桁（LSB）に対応する全加算器の入力のうち，桁上げ入力 C_{-1} はあらかじめ0にしておく。また，2^{n-1} の桁のFAからの桁上げ出力 C_{n-1} は，オーバフローのとき1となる。

　並列加算器では，和出力は桁上げ信号がMSBまで伝搬するのに要する**桁上げ伝搬時間**（carry propagation time）経過後に確定するので，ビット数が増加すると演算速度が遅くなるという欠点がある。そこで，桁上げ信号のみを別の論理回路で構成する**桁上げ先見加算器**（carry look-ahead adder）が考えられ，和の計算を高速化している。以下に，この桁上げ先見加算器について考察する。

　二つの n ビットの2進数 $x_{n-1}x_{n-2}\cdots x_0$ と $y_{n-1}y_{n-2}\cdots y_0$ を加算するとき，k ビット目からの桁上げ C_k はつぎのように表される。

$$C_k = \bar{x}_k \cdot y_k \cdot C_{k-1} + x_k \cdot \bar{y}_k \cdot C_{k-1} + x_k \cdot y_k \cdot \bar{C}_{k-1} + x_k \cdot y_k \cdot C_{k-1}$$

$$(4.3)$$

ここで，$x_k \cdot y_k \cdot C_{k-1}$ について，ブール代数の同一則の定理を用いて整理すると C_k はつぎのように表される。

$$C_k = \bar{x}_k \cdot y_k \cdot C_{k-1} + x_k \cdot y_k \cdot C_{k-1} + x_k \cdot \bar{y}_k \cdot C_{k-1} + x_k \cdot y_k \cdot C_{k-1}$$
$$\qquad + x_k \cdot y_k \cdot \bar{C}_{k-1} + x_k \cdot y_k \cdot C_{k-1}$$
$$= x_k \cdot y_k + (x_k + y_k) \cdot C_{k-1} \qquad (4.4)$$

ここで

$$G_k = x_k \cdot y_k, \quad P_k = x_k + y_k$$

とおくと，C_k はつぎのようになる。

$$C_k = G_k + P_k C_{k-1} \qquad (4.5)$$

さらに，式 (4.5) をつぎつぎに下位の桁からの桁上げを使って表すと

$$C_k = G_k + P_k \cdot (G_{k-1} + P_{k-1} \cdot C_{k-2})$$
$$= G_k$$
$$\qquad + P_k G_{k-1}$$
$$\qquad + P_k P_{k-1} G_{k-2}$$
$$\qquad + \cdots$$
$$\qquad + P_k P_{k-1} \cdots P_1 G_0$$
$$\qquad + P_k P_{k-1} \cdots P_1 P_0 C_{-1}$$

となり，k ビット目の桁上げ C_k は，最下位桁への桁上げ入力 C_{-1} と k 桁までの各桁の入力との組合せ論理によって求められる。例として，4 ビットの桁上げ先見加算器における桁上げ信号はつぎのようになる。

$$C_0 = G_0 + P_0 C_{-1}$$
$$C_1 = G_1 + P_1 G_0 + P_1 P_0 C_{-1}$$
$$C_2 = G_2 + P_2 G_1 + P_2 P_1 G_0 + P_2 P_1 P_0 C_{-1}$$
$$C_3 = G_3 + P_3 G_2 + P_3 P_2 G_1 + P_3 P_2 P_1 G_0 + P_3 P_2 P_1 P_0 C_{-1}$$

つぎに，減算は全減算器や半減算器を用いて実現することができる。加算と同様，直列方式と並列方式がある。図 **4.9** は n ビットの並列減算器の構成を示している。この図では，$x_{n-1} x_{n-2} \cdots x_0$（被減数）から $y_{n-1} y_{n-2} \cdots y_0$（減数）が引かれ，差は $D_{n-1} \cdots D_0$ に得られる。ここで，2^0 の桁（LSB）に対応

66　　4. 2進演算と算術回路

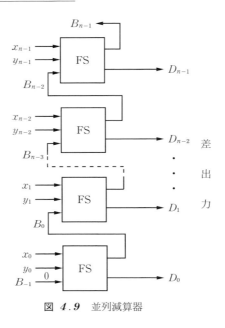

図 4.9　並列減算器

する全減算器の入力のうち，桁借り入力 B_{-1} はあらかじめ 0 にしておく。また，2^{n-1} の桁の全減算器 FS の桁借り出力 B_{n-1} は被減数より減数が大きいとき，1 となる。

4.5　加算器を用いた減算

2進数の減算は，減数の 2 の補数をとり，それを被減数に加算することによっても実現できる。この際，2 の補数は減数の各ビットを反転し，LSB に 1 を加えることで得られる。このビット反転は NOT ゲートを用いることにより，また LSB に 1 を加える操作は，2^0 の桁の加算に全加算器を用いて，桁上げ入力 C_{-1} に 1 をセットすることにより実現できる。

図 4.10 に全加算器と NOT ゲートを用いた n ビット並列減算器の構成を示す。$x_{n-1} x_{n-2} \cdots x_0$（被減数）から $y_{n-1} y_{n-2} \cdots y_0$（減数）が引かれ，差が $D_{n-1} \cdots D_0$ に得られる。

演 習 問 題　　67

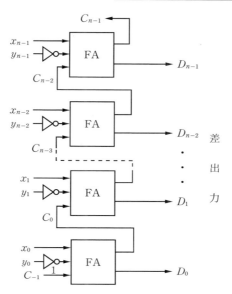

図 4.10 全加算器と NOT 回路を用いた並列減算器

演 習 問 題

【1】 つぎの2進数の加算を行え。

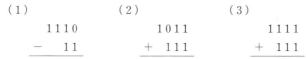

(1)
```
   1110
-    11
```
(2)
```
   1011
+   111
```
(3)
```
   1111
+   111
```

【2】 半加算器はどのようなゲートから構成されるか。

【3】 図の半加算器において，以下の入力パルス列に対する和出力と桁上げ出力を求めよ。

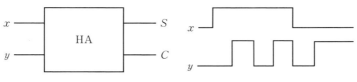

問図 4.1

【4】 つぎの 2 進数の減算を行え。

(1)　　　　　　　　(2)　　　　　　　　(3)
　　1111　　　　　　10001　　　　　　110011
－ 1010　　　　－ 1100　　　　－　　111

【5】 全加算器を XOR ゲートと NAND ゲートのみを用いて構成せよ。

【6】 4 個の全加算器を用いて 4 ビットの並列加算器を構成せよ。

【7】 二つの 2 進数 x, y の加算結果でオーバフローしたことは，MSB の値によって知ることができることを示せ。

【8】【7】に関連して，オーバフローが発生したことを検出する回路を実現せよ。

【9】 桁上げ先見加算器について説明せよ。

【10】 4 ビット並列加減算回路を全加算器 4 個と排他的論理和 4 個を用いて構成せよ。

5

マイクロプロセッサの
アーキテクチャ

　本章では，コンピュータの動作原理である，プロセッサのアーキテクチャについて解説する。

5.1　アーキテクチャとは

　アーキテクチャ（architecture）とは，元来，建築関係で，構造や建築物を指す用語である。
　コンピュータの分野において，アーキテクチャは，ユーザから見たコンピュータシステムの論理的構造を示す言葉として用いられる。わかりやすくいえば，コンピュータのハードウェアやソフトウェア構成の考え方や，プロセッサの**命令セット**（instruction set）などを指している。ここで，命令セットとは**マシン命令**（machine instruction）の集合のことで，これを狭義の**コンピュータアーキテクチャ**，または**命令セットアーキテクチャ**（instruction set architecture：ISA）と呼んでいる。
　プロセッサをLSI化する場合，基本的な命令セットのみに限定することにより，処理回路の単純化と高速な処理を実現しようとする考え方がある。このようなアーキテクチャをもつプロセッサを **RISC**（reduced instruction set computer）という。
　一方，多数の複雑な命令を処理できる機能を有するプロセッサを **CISC**

(complex instruction set computer) と呼んでいる。

以下では，基本機能を有する汎用マイクロプロセッサをモデルとして，そのアーキテクチャを考えることにする。

5.2 データタイプ

データタイプ (data type) とは，同じような性質をもつデータの集まりのことをいう。コンピュータシステム内部で扱われるデータタイプは，数値データと非数値データに分類でき，非数値データには，論理データや文字データなどがある。

〔**1**〕 **数値データ**　コンピュータ内部では，**数値データ** (numeric data) は 0 と 1 の 2 進数で表現される。数値データの表示法として，固定小数点表示と浮動小数点表示がある。また，人間は 10 進数を使い慣れていることや，コンピュータ内部でも 10 進数表現を扱えれば，例えば基数変換による誤差が生じないなどの有用な点もあるので，10 進数機能を備えているコンピュータもある。

（*a*）　**固定小数点表示**　2 進数表現で，小数点を特定の位置に固定し，数値によって動かさないものを**固定小数点表示**と呼ぶ。この方法により表現可能な固定小数点データの範囲は，1 語の長さが何ビットかによって決まる。一般に，固定小数点表示では，小数点を LSB のすぐ右側に固定し，2 進整数を表している。例えば，32 ビットの 2 進固定小数点表示法を**図 5.1** に示す。この図で，MSB は**符号ビット** (sign bit：S) で，S が 0 のとき正の整数を，1 のとき負の整数を表している。符号ビット以外のすべてのビットで数値部を表

図 **5.1**　2 進固定小数点表示（32 ビット）

し，負数の場合は，2の補数で表示される。この例では，10進数で-2^{31}から$2^{31}-1$までの数値を表現できる。

(b) 浮動小数点表示　**浮動小数点表示**は，指数表示の概念を採用した数表現で，固定小数点表示と比較してきわめて大きな数値や小さな数値を表現することができる。

浮動小数点表示では，数値Nを

$$N = a \times r^n$$

の形式で表す。ここで，aは**仮数**，nは**指数**，rは**基数**で2や16などが使われる。また，aは小数で，次式を満足するように**正規化**される。

$$r^{-1} \leq |a| < 1$$

図**5.2**にマイクロプロセッサに広く使われている**IEEE方式**の構成とビット数を示す。図に示すように，データ長が32ビットの単精度と64ビットの倍精度がある。2進数表現では，正規化することにより仮数部のMSBはつねに1となるので，これを省略して有効数字を1ビット増やす方法がとられ，これを**けち表現**（economized representation）という。

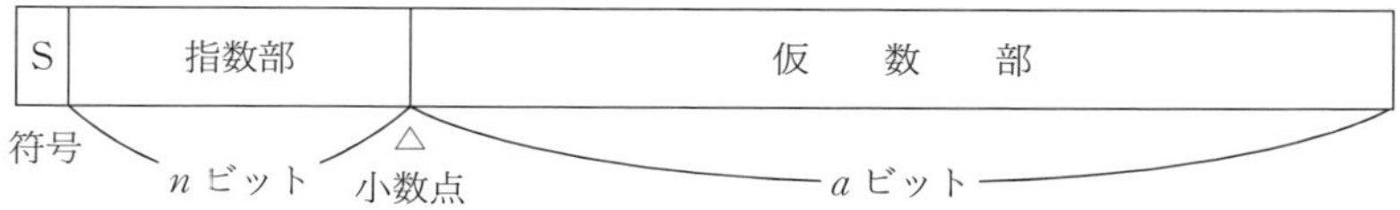

方式	データ長	指数部	仮数部	基数	計算範囲	10進精度
IEEE方式	32ビット	8ビット	23ビット	2	$10^{\pm 38}$	7桁
	64ビット	11ビット	52ビット	2	$10^{\pm 308}$	15桁

図 **5.2** 浮動小数点表示

(c) 2進化10進コード　**2進化10進コード**は，10進数全体を2進数に変換するのではなく，10進数の各桁を4ビットの2進数に変換して表したものである。各ビットは，8-4-2-1の重みをつけて表現される。1バイトに10進数値2桁を格納し，正負の符号を右端の4ビットで表現した方法を**パック形式**（packed format）という。

例 5.1　123_{10} と -123_{10} をパック形式で表すと

	1	2	3	正
123	0001	0010	0011	1100

	1	2	3	負
-123	0001	0010	0011	1101

図 5.3

となる。

---

〔2〕**論理データと文字データ**　**論理データ**は，ビットごとに論理演算の対象になり，ビットの値が1のとき真，0のとき偽に対応させたデータである。通常は，8ビットや16ビットに複数個の論理値をパックし，一つのデータとして扱われる。

文字データ（character data）には，英数字，カナ文字，特殊文字などがあり，コンピュータのコード体系（coding scheme）に定められている文字を表す。また，それらのつながりを一つのデータとみなす**文字ストリングデータ**（character string data）がある。

5.3　レジスタセット

レジスタはプロセッサ内部にあり，データを一時的に記憶するための回路で，各種の演算を行う際に頻繁に用いられる。通常，メモリの回路素子と比較して，より高速の回路素子で構成される反面，コスト高となるのでレジスタ数はおのずと制限されることになる。なお，レジスタの集合を，**レジスタセット**（register set）という。

表 5.1 に，CPU に備わっているレジスタセットの一例とその働きを示す。

演算レジスタ（arithmetic register）として，A，B，C，D の四つを考え

5.3 レジスタセット

表 5.1 レジスタセット

レジスタ	名前	機能
A, B C, D	演算レジスタ	算術演算，論理演算，シフト演算用オペランドの格納
AR	アドレスレジスタ	主記憶装置にアクセスするときのメモリのアドレスの格納
DR	データレジスタ	命令のオペランドの保持
SPR	スタックポインタレジスタ	最初に取り出すデータのアドレスの格納
PSR	プログラム状態レジスタ	プログラムの実行や管理に必要な情報の保持
SCR	システム制御レジスタ	各種のタイマ，システム状態表示

る。この中で，Aレジスタは演算の中心となるレジスタで，**アキュムレータ**（accumulator）とも呼ばれる。それ以外は，演算における補助的なレジスタとして用いられる。

アドレスレジスタ（address register：AR）には，メモリにアクセスするときのメモリアドレス，またはそのアドレスを計算する際に必要なデータが格納される。

データレジスタ（data register：DR）は，命令のオペランドの保持に用いられる。オペランドとは，オペレーション（コンピュータの演算の種類）の対象となるアドレスや数値のことをいう。例えば，加算命令では，加算される数値や，加算結果を格納するメモリのアドレスやレジスタの種類のことである。

プロセッサには，**スタック**（stack）と呼ばれる特別な機能をもつメモリが備わっている。スタックは，一時的に保存したいデータを順々に積み重ねるようにして記憶していく装置である。その動作原理は，後から書き込まれたデータほど最初に読み出されるというものである。したがって，最後に書き込んだデータのアドレスがわかれば，つぎつぎに書き込んだデータを読み出すことができる。

スタックポインタレジスタ（stack pointer register：SPR）は，この最後に書き込んだデータのアドレスを記憶しておく一種のアドレスレジスタである。これは，毎日配達される新聞を古い順に積み上げていき，取り出すときは一番上の今日の新聞からということに相当する。これを **LIFO**（last-in first-out）

といい，サブルーチンの戻り番地の記憶，レジスタの値の一時退避などに使用される。

プログラム状態レジスタ（program status register：PSR）は，命令実行後や中断時のプロセッサの動作状況を示すレジスタである。

システム制御レジスタ（system control register：SCR）は，各種のタイマやシステム状態表示に使用される。

5.4 命令セット

5.4.1 基本命令セット

命令セットは，プロセッサの性能に関わる最も基本的なアーキテクチャである。命令は処理対象によってつぎのように分類できる。

〔1〕**データ転送命令** データ転送命令はレジスタからレジスタへデータを転送したり，レジスタとメモリ間のデータ転送を制御する命令である。具体的には，(a) メモリからレジスタへデータ転送する**ロード**（load）**命令**，(b) レジスタからメモリへデータ転送する**ストア**（store）**命令**，(c) 転送元と転送先のデータを入れ換える**交換**（exchange）**命令**，(d) スタックにデータを入れる**プッシュ**（push）**命令**，(e) スタックからデータを取り出す**ポップ**（pop）**命令**などがある。

〔2〕**演算命令** 演算命令は，算術演算命令，論理演算命令，そしてビット列操作命令に大別される。

(a) **算術演算命令** 加減乗除の四則演算や大小比較といった比較演算，データを+1する**インクリメント**（increment）や-1する**ディクリメント**（decrement）命令などがある。

(b) **論理演算命令** 論理積，論理和，否定，排他的論理和などの論理演算がビットごとに行われる。

(c) **ビット列操作命令** ビット列操作命令として，フォーマット変換，コード変換，ビット操作の各命令がある。

フォーマット変換命令には，算術シフト，論理シフト，循環シフトの各命令がある。例えば，図 5.4 に示す循環シフト命令では，全体に左へ 1 ビットシフト（shift）し，MSB のデータは LSB に移動する。

図 5.4 循環シフト命令（左シフト）

コード変換（code conversion）**命令**には，コンピュータ内部で表現されるコード形式を変換する命令や，2 進数と 10 進数との間の基数を変換する基数変換（radix conversion）命令がある。

ビット操作（bit manipulation）**命令**には，データの任意のビットを 1 にする**セット**（set），0 にする**リセット**（reset），**反転**（complement），そして 0 か 1 かを判定する**テスト**（test）などの命令がある。

〔3〕 **プログラム制御命令**　　プログラムの実行順序を制御する命令を，**プログラム制御命令**という。おもなプログラム制御命令にはつぎのようなものがある。

(*a*)　無条件分岐（unconditional branch）命令　　無条件でオペランドをアドレス変換して，プログラムカウンタに設定する。

(*b*)　条件付き分岐（conditional branch）命令　　ある演算の結果，例えば大小関係を**キャリフラグ**（carry flag）や**ゼロフラグ**（zero flag）を調べることによって判定し，その結果によってプログラムカウンタへ設定するアドレスを変更する。条件が成立する場合と不成立の場合とで，分岐先が異なる。

(*c*)　サブルーチンコール（subroutine call）命令　　プログラムの中で，一定の仕事を行う部分をまとめて名前をつけたのがサブルーチンである。プログラムの途中でサブルーチンが呼び出されて実行されると，呼び出した元のプログラムへ戻る。戻りのアドレスは，サブルーチンへの分岐命令のつぎの命令となる。

(d) システムコール（system call）命令　実行中のユーザのプログラムから，オペレーティングシステムに制御を移す。

〔4〕**システム制御命令**　入出力装置の動作の起動を開始する指示のSTART I/O，入出力装置の状態を確認する TEST I/O，それに起動を停止する HALT I/O などの入出力チャネルの制御命令や，プログラム状態レジスタのセット/リセット命令など，システムの環境を操作する命令で，特に**特権命令**（privileged instruction）とも呼ばれる。

5.4.2　命　令　形　式

命令は，'なにをどうする'の'どうする'といった命令の機能を表す**命令コード**（operation code：OPC）と'なにを'といった演算の対象となる**オペランド**（operand：OPD）からなる。

命令の一般形式を図 5.5 に示す。現在のマイクロプロセッサでは，1 命令が 32 ビットで表現されているものが主流である。

図 5.5　命令の一般形式

命令コードは，一つの命令に対して 1 個備えられている。一方，オペランドは，命令実行によって処理対象となる**ソースオペランド**（source operand）と命令実行によって処理された結果データの格納先を示す**デスティネーションオペランド**（destination operand）からなり，命令の種類によって 0 個以上のオペランドが使用される。

オペランドとして実際には，オペレーションの対象となるメモリのアドレスやレジスタ，それに数値が当てはまる。

命令におけるオペランド（アドレス）の個数によって分類した，おもな命令形式を以下に示す。なお，例については 8 ビットマイクロプロセッサ **Z-80** の命令を取り上げている。

〔1〕**2アドレス形式**　図 5.6 に示すように，ソースオペランドとデス

5.4 命令セット   77

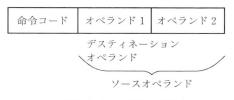

図 5.6 2アドレス形式

ティネーションオペランドを共通のアドレスとすることによって，二つのオペランドで1命令を構成する。二つのオペランドで演算を行い，その結果をデスティネーションオペランドに格納する。

例 5.2 ADD A, B
(内容) A レジスタの内容と B レジスタの内容を加算して A レジスタに格納する。

---

〔2〕 **1アドレス形式** 図 5.7 に示すように，オペランドは1個だけで，演算はオペランドとアキュムレータ（accumulator）との間で行われ，その結果をアキュムレータに格納する。

| 命令コード | オペランド |

アキュムレータ：ソースオペランド，デスティネーションオペランド
図 5.7 1アドレス形式

例 5.3 AND B
(内容) A レジスタ（アキュムレータ）の内容と B レジスタの内容の論理積をとり，結果を A レジスタに格納する。

---

〔3〕 **0アドレス形式** 図 5.8 に示すように，オペランドはなく，演算は命令コードの解読だけで行われる。

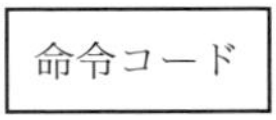

| 命令コード | 図 5.8 0アドレス形式

例 5.4 HALT
(内容) プログラムの実行を停止する。

5.5 アドレス指定方式

アドレス指定方式（addressing：アドレッシング）とは，命令の演算の対象となるオペランドをどのように指定するかということである．以下にアドレス指定方式の種類を示す．

〔**1**〕 **絶対アドレス指定方式**　命令のオペランドをそのままメモリのアドレスとして指定するものを，**絶対アドレス指定方式**（absolute addressing）という．絶対アドレス指定方式には，直接アドレス指定方式，間接アドレス指定方式，レジスタアドレス指定方式，レジスタ間接アドレス指定方式がある．

(a) 直接アドレス指定方式　図 **5.9** に示すように，命令のオペランドの値が，データが格納されているメモリのアドレスを指定する方式を，**直接アドレス指定方式**（direct addressing）という．

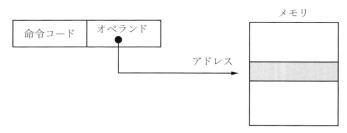

図 **5.9** 直接アドレス指定方式

命令が実際にアクセスするためのアドレスを，**実効アドレス**（effective address）といい，直接アドレス指定方式では，オペランドの値は実効アドレスそのものである．この方式では高速なアクセスが可能であるが，オペランドの位置が変更された場合には，オペランド部を書き換える必要がある．

(b) 間接アドレス指定方式　図 **5.10** に示すように，命令のオペラン

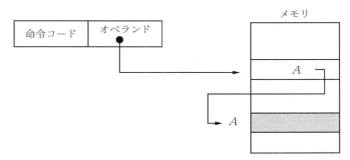

図 5.10　間接アドレス指定方式

ドの値が指定したメモリのアドレスの内容が，実効アドレスとなるアドレス指定を**間接アドレス指定方式**（indirect addressing）という。

この方式では，メモリへのアクセスが2回必要となるので，直接アドレス指定方式と比較してアクセス時間は長くなる。しかし，オペランドにあるアドレスの内容を実行時に操作することによって，容易にアドレス指定を変更することが可能となる。

（c）　レジスタアドレス指定方式　　（a）の直接アドレス指定方式において，アクセス対象がメモリではなくレジスタの場合を，**レジスタアドレス指定方式**（register addressing）という。

図 5.11 に示すように，オペランドとして直接レジスタを指定できるので，メモリのアドレスを指定する場合と比較して高速なアクセスが可能となる。

図 5.11　レジスタアドレス指定方式

（d）　レジスタ間接アドレス指定方式　　（b）の間接アドレス指定方式において，実効アドレスがメモリではなく，図 5.12 に示すようにレジスタに存在する。レジスタを用いて間接的にアドレス指定をしているので，メモリを用いた場合と比較してアクセス時間が短くなる。

80　5．マイクロプロセッサのアーキテクチャ

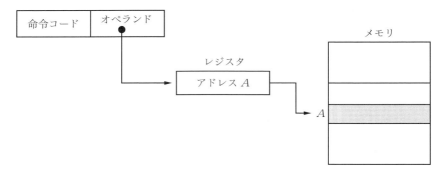

図 5.12　レジスタ間接アドレス指定方式

〔2〕 **相対アドレス指定方式**　アクセス対象のメモリの先頭アドレスを**ベースアドレス**（base address）という。実効アドレスとなるアドレス指定を，ベースアドレスとベースアドレスからのディスプレースメント（displacement）を加算することで行う。このようなアドレス指定は，ベースアドレスからの相対的なアドレス指定という意味で，**相対アドレス指定方式**（relative addressing）という。

相対アドレス指定方式には，インデックスアドレス指定方式，ベースアドレス指定方式，ベースインデックスアドレス指定方式，相対アドレス指定方式がある。

（a）　インデックスアドレス指定方式　図 5.13 に示すように，命令のオペランドでベースアドレスと**インデックスレジスタ**（index register）を指

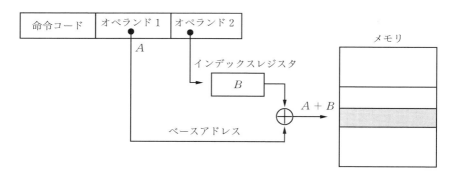

図 5.13　インデックスアドレス指定方式

定する方式が**インデックスアドレス指定方式**（index addressing）である。ベースアドレスとインデックスレジスタの値が加算されてメモリの実効アドレスが決まる。ディスプレースメントはインデックスレジスタに格納されている。

（b）ベースアドレス指定方式　　図 **5.14** に示すように，命令のオペランドで**ベースレジスタ**（base register）とディスプレースメントを指定する。ベースレジスタとは，ベースアドレスを格納するレジスタをいい，その値とディスプレースメントが加算されて実効アドレスが決定される。これを**ベースアドレス指定方式**（base addressing）と呼んでいる。

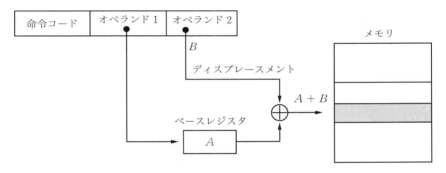

図 **5.14**　ベースアドレス指定方式

（c）ベースインデックスアドレス指定方式　　図 **5.15** に示すように，命令のオペランドでベースレジスタとインデックスレジスタを指定する。ベー

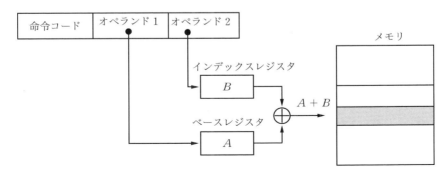

図 **5.15**　ベースインデックスアドレス指定方式

スアドレスはベースレジスタから，ディスプレースメントはインデックスレジスタから，それぞれ読み出され，これらを加算することにより実効アドレスが決定される。この方式を**ベースインデックスアドレス指定方式**（base index addressing）と呼んでいる。

（d） 相対アドレス指定方式　　図 5.16 に示すように，命令のオペランドでディスプレースメントが与えられ，それとプログラムカウンタとの加算結果が実効アドレスとなる。この方式を**相対アドレス指定方式**（relative addressing）と呼んでいる。プログラムカウンタの値をインクリメント（＋1）したり，ディクリメント（－1）することによってアドレス指定を操作できるので便利である。

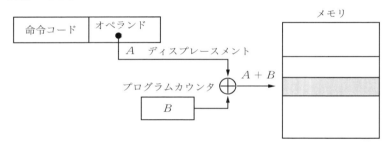

図 5.16　相対アドレス指定方式

〔3〕 **イミーディエイトアドレス指定方式**　　図 5.17 に示すように，命令のオペランド値そのものがアクセス対象のデータとなる方式を，**イミーディエイトアドレス指定方式**（immediate addressing）という。レジスタに定数を格納するのに便利である。メモリからオペランドを読み出す必要がないので，高速に実行ができる。

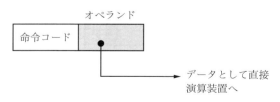

図 5.17　イミーディエイトアドレス指定方式

5.6 アドレス空間とセグメント

　命令やデータは，通常，メモリに格納される。メモリには，それらの格納場所を識別するためにアドレスが付けられている。アドレスの集合を**アドレス空間**（address space）といい，例えば，アドレスバス（address bus）が16本のプロセッサは，$2^{16}=65\,536$バイト（64キロバイト）までのアドレス空間を，直接アクセスすることができる。

　実際に，メモリに割り当てられているアドレスを**物理アドレス**（physical address）といい，そのアドレス空間は**物理アドレス空間**と呼ばれる。

　コンピュータで実行できるプログラムの大きさは，通常，メモリの容量に制限されるので，それを超えるプログラムはそのままでは実行できない。これを実現するため，メモリの容量を見かけ上拡張する方法が考えられている。この場合，命令のオペランド部は，物理アドレスを直接指定するのではなく，**論理アドレス**（logical address）を指定し，符号化される。この符号化されたアドレス空間を**論理アドレス空間**と呼んでいる。

　上記のプログラムを実行する方法の一つに**セグメント方式**（segment system）がある。

　セグメント方式では，**図5.18**に示すようにメモリ空間はいくつかのセグメントに分割される。各セグメントの先頭アドレスをセグメントベース（segment base）と呼び，任意のアドレスは先頭アドレスからの相対的なアドレスである**オフセットアドレス**（offset address）で表現される。したがって，物理アドレスはつぎのように与えられる。

　　　　物理アドレス＝セグメントベース＋オフセットアドレス

　例えば，8086などで設定されているセグメントの最大サイズを64キロバイトとすると，オフセットは16ビット必要となる。

　メモリアクセスのためのアドレス計算は，**図5.19**に示すような方法で行われ，実際にアクセスするアドレスが求められる。この方法によって，プロセ

84　5. マイクロプロセッサのアーキテクチャ

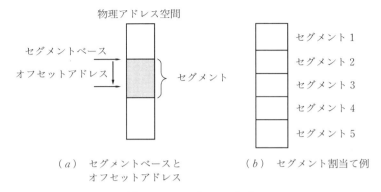

(a) セグメントベースと
　　 オフセットアドレス

(b) セグメント割当て例

図 5.18　セグメント方式

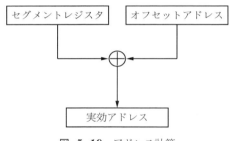

図 5.19　アドレス計算

ッサが直接指定するアドレス値は小さくても，実際に指定できるアドレス空間は拡大できることになる。セグメント方式については 6 章でも取り上げる。

5.7　マルチタスクと仮想記憶

　はじめに，OS に与えられる仕事の単位として**ジョブ**（job）がある。例えば，毎月の公共料金の計算のような**一括処理方式**（batch processing）では，すべての仕事は OS にジョブとして与えられる。この方式では，複数のジョブがあるとき，それらのジョブを一つずつ順次に処理すればよいので，各ジョブはすべての**資源**（resource）を自由に使用できる。すなわち，OS は各ジョブ単位にシステム資源を割り当てれば十分である。

一方，航空機や列車の座席予約システムなどでは，入力データは多種多様で，かつ，**リアルタイム**（real time）に，また同時並行的に処理することが要求される。さまざまな処理要求は，CPU から見たそれぞれ独立した仕事の単位で，これを**タスク**（task）と呼ぶ。例えば，あるタスクが，入出力動作のため CPU を使用していないときには，別のタスクに CPU を渡し，つねに CPU が処理状態となるようにしてタスクの同時並行処理（concurrent operation）を実現している。この方式を**マルチタスク**（multi task）といい，システム資源を複数のタスクが同時に共有できる。

マルチタスク環境を構築するには，それぞれのタスクにメモリ空間を割り付ける必要がある。タスクが切り替わるたびに，メモリの内容を磁気ディスクなどに退避させることが可能であれば，全タスク分に相当する物理メモリ空間を実装していなくても，論理的には大きなメモリ空間を実現できることになる。そのメモリ空間は，アドレスを指定すればアクセスできるように管理される。このように，メモリを擬似的に大容量化する方法を，**仮想記憶**（virtual memory）という。仮想記憶を利用すれば，一度にはメモリに入りきらない大規模なプログラムでも，メモリ容量を意識せずに作成し，実行することができる。

5.8 保護機構

複数のタスクが，同時にメモリ上にあるマルチタスクでは，ほかの格納領域にアクセスしてしまうことが起こり得る。例えば，プログラムを書き込む際に，ほかのプログラム領域をアクセスした場合には，そのプログラムを書き換えることになる。また，書き込み先がデータ領域の場合には，誤ったデータに変えてしまう結果となる。これら以外にも，他人のプログラムやデータが盗用されてしまうことも考えられる。したがって，このような事態を避けるために，保護機能を備えることは必須である。

メモリ内に格納されている命令やデータを以下の**アクセス権**（access authority）によって保護する方法を，**保護機構**（protection system）という。

アクセス権には，オペランドの読出しや書込み，また命令の読出しなどの権限が考えられる。このアクセス権に違反するアクセスが生じた場合には，**割込み**（interrupt）が発生し，制御はユーザから OS に移る。

代表的なメモリ保護機構として，以下のものがある。

〔**1**〕　**OS をほかのプログラムから保護する機構**　　プロセッサの動作モードにいくつかのレベルを設け，各レベルに優先順位をつける。優先順位によって，たがいのプログラムやデータのアクセス動作を許可したり，禁止したりする。OS のプログラムは，優先順位の最も高い特権レベルで動作し，ユーザのアプリケーションプログラムは，OS 管理下の最も低いレベルで動作する。OS だけが使用できる命令は，**特権命令**と呼ばれ，入出力命令や 5.4.1 項で述べたシステム制御に関する命令などがある。このような命令は，特権レベルでのみ実行でき，ほかのレベルにおいて実行しようとすると割込みが発生し，OS がその割込み処理を行い，特権レベルに実行が移る。

〔**2**〕　**ユーザのタスク間でのプライバシー保護機構**　　ユーザのタスク間の独立性を確保するため，各タスクにそれぞれ独立の仮想アドレス空間を割り当てている。また，タスク間で共用するプログラムやデータは，タスクのアドレス空間の一部をオーバラップさせることにより，たがいにアクセスできるようにしている。

〔**3**〕　**プログラムやデータ保護機構**　　プログラムとデータの保護については，セグメント単位で読み書きの許可・禁止を行うことにしている。すなわち，セグメントテーブルにメモリ領域の属性を表す記述欄を設けることにより，プログラムやデータに対して，読出し禁止，書込み禁止，実行専用，データ専用を区別している。

5.9　CISC と RISC

CISC は，多様な機能の多くの命令やアドレス方式のアーキテクチャをもつ CPU を搭載したコンピュータである。複雑で多機能の命令が数多く用意され

ていることから，少ない命令でより多くの作業をすることが可能であるが，一般に，命令セットを複雑にすると制御回路が複雑になり，命令の解読に時間がかかることが知られている。

一方，**RISC** は，CPU の基本命令セットの数を少なくし，コンパイラが出力する目的プログラムの実行速度を向上させたコンピュータである。RISC の特徴として，(a) 1命令1サイクルで実行，(b) メモリからの読出しやメモリへの書込みは，それぞれロード命令，ストア命令を用い，その他の命令はレジスタを用いることによる処理の高速化，(c) 配線論理方式などが挙げられる。

命令の種類は，CISC で 120～350 程度，RISC で 30～90 程度である。あるプログラムをコンパイルして，RISC 用の機械語（machine language）からなるプログラムと CISC 用の機械語からなるプログラムを作るとき，一般に，命令機能が制限された前者のプログラムのほうがプログラムのステップ数は多くなる。したがって，LSI 向きの構成により得られる性能と，プログラムのステップ数や実行命令数の増加による損失とのトレードオフによって，いずれかのアーキテクチャが選択されるものと考えられる。

演 習 問 題

【1】 CPU のアーキテクチャの視点から RISC と CISC を比較せよ。

【2】 以下に記号語によるプログラムとメモリの内容を示す。(1)～(3)の各方式によるプログラム実行後のレジスタの値を示せ。ただし，数値はすべて10進数とする。

プログラム
　　LD A，100
　　LD B，200
　　ADD A，B
　　HALT
(1) イミーディエイトアドレス指定方式
(2) 絶対アドレス指定方式の直接アドレス指定方式
(3) 絶対アドレス指定方式の間接アドレス指定方式

問表 5.1 メモリ

番地	内容
100	201
101	211
102	221
⋮	⋮
200	301
201	302
202	303
⋮	⋮
300	400
301	401
302	402

【3】 つぎのかっこの中に命令のアドレス指定方式を入れよ。
  （1） アドレス部のデータが，目的のデータが格納されているメモリのアドレスを直接指定する方式を（a）という。
  （2） アドレス部のデータがメモリのアドレスを直接指定する。その指定されたアドレスには目的のデータではなく，目的のデータが格納されているメモリの別のアドレスが格納されている。この方式を（b）という。
  （3） アドレス部のデータが目的のデータ（数値など）である方式を（c）という。
  （4） 目的のデータが記憶されているメモリのアドレスがレジスタに置かれている。このレジスタを命令のアドレス部が示している方式を（d）という。
  （5） アドレス部がベースアドレスとインデックスレジスタを示す部分に分かれている。ベースアドレス（定数）とインデックスレジスタの内容の和によってメモリのアドレスを指定する方式を（e）という。
  （6） プログラムカウンタの内容とアドレス部の内容を加えて必要なデータが格納されているメモリのアドレスを指定する方式を（f）という。
  （7） アドレス部がベースレジスタを示す部分と定数部分に分かれていて，ベースレジスタの内容と定数を加えた値がメモリのアドレスを表す方式を（g）という。

【4】 コンピュータシステムへの不法な侵入を防ぐためには，オペレーティングシステムはどのような機能を備えるべきか。

【5】 つぎの文章のかっこの中に適当な語句を入れよ。
  仮想記憶システムの目的は，利用者にとってそのコンピュータが実装している主記憶装置以上の（a）を作りだし，（b）装置を動的に利用することによりシステム資源の有効利用を図ることである。仮想記憶システムにより作り出された（a）を（c）と呼ぶのに対して，仮想記憶システムにおける（b）装置を（d）と呼ぶ。

【6】 つぎの文章のかっこの中に適当なレジスタ名を入れよ。
  （1） スタック方式のメモリで，最初に取り出すデータのアドレスが格納されるレジスタを（a）という。

(2) 処理対象のデータのアドレスを指定するのに必要な値を格納しているレジスタを (b) という。
(3) 演算処理の中心となるレジスタで，四則演算，論理演算，比較演算などの結果を一時的に格納するレジスタを (c) という。
(4) コンピュータが，現在どのアドレスの命令を実行しているかを格納しておくレジスタで，通常は1命令実行するごとに1ずつ自動的に加算される。このレジスタを (d) という。
(5) 命令の実行直後におけるコンピュータの状態を記憶しているレジスタを (e) という。

6

メ モ リ

　人間の脳には二つの機能が備わっている。それは，考えることと記憶することである。コンピュータでもこの二つの機能が重要で，図 **6.1** に示すように，考えること，すなわち計算や判断を行うことは **CPU** が担当し，記憶することは**メモリ**（記憶装置）が担当している。この章では，メモリについて考えることにする。

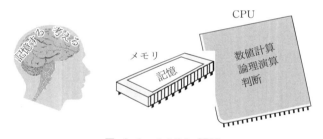

図 **6.1**　メモリと CPU

6.1 メモリの構成

　パソコンなどで使用されているメモリは，IC 上に**メモリセル**と呼ばれる記憶回路をたくさん並べることにより構成されている。一つのメモリセルには **1 ビット**の情報，すなわち，0 か 1 かの 2 値情報を記憶することができる。また，できるだけ大容量のメモリを作るために，図 **6.2** に示すように，IC 上ではこのメモリセルを行と列の **2 次元構造**（マトリックス）で並べている。3 次元構造で並べることができればより大容量のメモリを作ることができるが，現

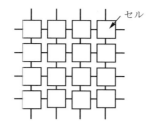

図 6.2　メモリセルマトリックス

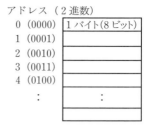

図 6.3　メモリとアドレス

在の IC の製造技術では 3 次元構造は実現できていない。

　メモリはデータを記憶し保持するだけではなく，記憶しているデータを効率よく読み出すことも必要である。記憶しているデータを読み出すには，記憶した順番で頭から一つずつ読み出す方法と，任意のデータを任意の順番で読み出す方法が考えられる。メモリの用途にもよるが，効率的に使用するためには，任意の順番での読み書き（**ランダムアクセス**）が必要となる。

　任意の順番で読み書きを行うために，メモリには番地（**アドレス**）が割り振られ，このアドレスによって，何番地になにを書き込む，とか，何番地の内容を読み出すということをできるようにしている。図 **6.3** はメモリのアドレスの概念図で，四角の箱が縦に積み重なっていて，この箱の中にデータが一つずつ記憶される。箱の左横にある数字がアドレス（番地）で 0 番地，1 番地，2 番地…と 1 次元で割り振られている。

　一般的にアドレスは 1 ビットごとに付けるのではなく，**1 バイト**（8 ビット）を単位として付けられている。32 ビットの CPU が使用されている場合，メモリからのデータ読出しは 32 ビット同時に行われるが，アドレスの付け方は 8 ビット単位で行われ，4 アドレス分同時に読み出されることになる。

　また，コンピュータの内部は基本的に **2 進数**が使われていて，メモリの番地にも 2 進数が用いられているが，桁数が多くなるとわかりにくいので，**16 進数**で表記されることが多い。

　1 次元で割り振られたアドレスを 2 次元に並べられたメモリセルに対応させるため，メモリ IC の内部には**デコーダ回路**が内蔵されてる。デコーダ回路で

はアドレスからどの行・列のメモリセルを使用するかを選択している。また，CPU からの書込み，読出し制御信号によりメモリ IC 内部の制御を行う回路なども内蔵されている（図 6.4）。

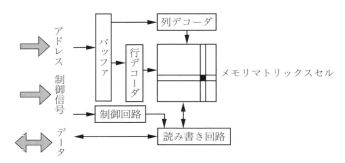

図 6.4 メモリの内部構造

6.2 メモリの種類

図 6.5 に IC メモリを機能的に分類した図である。メモリにはたくさんの種類があるが，大きくは **ROM** と **RAM** に分類することがでる。

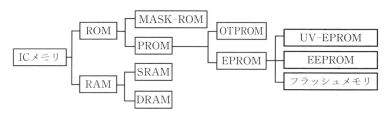

図 6.5 IC メモリの分類

6.2.1 ROM

ROM（read only memory）は読出し専用のメモリで，電源を切ってもデータは消えない**不揮発性**の記憶装置である。例えば，パソコンの電源を入れたとき，すべての記憶内容が消えていたのでは起動することができない。電源を入れて最初に実行するプログラムや OS をディスクからロードするためのプログ

ラムなど，消えては困る情報が ROM に格納されている。また，昔のカートリッジ式の TV ゲーム機では，ゲームソフトのカートリッジの中に ROM が内蔵されていた。ROM は，さらに IC の製造工程で内容を書き込んでしまう MASK-ROM と後から内容を書き込む PROM（programmable ROM）に分類することができる。

〔1〕 **MASK-ROM**　MASK-ROM の MASK とは，IC の製造工程で使用する**マスクフィルム**のことで，IC 内部の構造・配線を決定する版下に相当する。MASK-ROM では，記憶するデータが 0 か 1 かによって IC 内部の配線を変えている。したがって，IC ができあがった時点で記憶内容が確定している。逆にいえば，内容を後から変更することは不可能で，もし記憶内容を変更したければマスクを作り直すことになる。マスクを作り直すのは大変な作業で，莫大な費用もかかるので，プログラムの修正やバージョンアップ等で内容が変更される可能性がある場合は適していない。MASK-ROM は内容の変更がなく大量生産する場合には，量産効果により単価が一番安くなる。また，配線により記憶しているので記憶している内容が書き変わってしまうことがなく，安定性が最も高いのも特徴である。

〔2〕 **PROM**　PROM は IC の製造段階では記憶内容を書き込まず，ユーザが後から書き込むことのできる ROM である。PROM は一度だけ書き込みが行える **OTPROM**（one time PROM）と内容を消去して何度も書き込みを行うことのできる **EPROM**（erasable PROM）に分類することがでる。

EPROM は図 **6.6** に示すようにメモリセル中の MOS トランジスタにフローティングゲート（FG）を作り，FG に電荷を蓄えることによりデータを記憶する。FG は電気的な接続がないが，コントロールゲート（CG）からトンネル効果で電荷を注入して書き込みを行う。また，FG に蓄積した電荷を逃がすことにより書き込んだデータを消去することができる。FG は安定しているため，一度データを書き込めば，電源を切った状態でも 10 年程度は記憶が保持される。EPROM は，さらに記憶内容の消去方法により，UV-EPROM，EEPROM，フラッシュメモリに分類することができる。

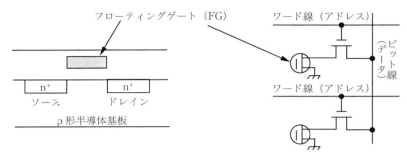

図 **6.6** EPROM の構造

(*a*) UV-EPROM　**UV-EPROM**（ultra violet EPROM）は記憶内容の消去に**紫外線**を用いる EPROM である。UV-EPROM のパッケージには，チップの上に透明な石英ガラスの窓が設けられており，この窓を通して消去用の紫外線が IC チップに当たるようになっている。普段，ROM として使っている最中にデータが消えてしまうと困るので，通常，この窓はシールなどでふさいで使用している。

(*b*) EEPROM　**EEPROM**（electrically EPROM）は電気的に消去（書き換え）できる ROM である。電源電圧より高い電圧をかけることにより，電気的にデータを消去することができ，基板に実装したままデータを消去して書き換えることもできる。数十万～百万回程度消去/書換えができるが，1 ビットだけ書き換えることはできず，すべてのビットをいったん消去して書き換えなければならない。

(*c*) フラッシュメモリ　**フラッシュメモリ**（flash memory）は EEPROM を改良したメモリで，ブロック単位での消去/書込みができるようになっている。簡単に書換えが行えるため，USB メモリやディジタルカメラ，スマートフォン等で使用する SD カード，パソコン用のハードディスクと同様に使用できる SSD（solid state drive）などに幅広く使用されている。

6.2.2　RAM

RAM（random access memory）は任意に読み書きできるメモリで，電源

を切ってしまうとデータが消えてしまう**揮発性**の記憶装置である。RAM は大きく **SRAM** と **DRAM** の2種類に分類することができる。

〔**1**〕 **SRAM**　　SRAM（static RAM）は**フリップフロップ回路**によってメモリセルを構成した RAM で，**図 6.7** に示すように1ビットのメモリセルを4～6個のトランジスタ（MOS 型 FET）で構成する。SRAM は電源さえ供給されていれば記憶内容を保持することができ，また，読み書きの速度を高速に行うことができるが，1メモリセル当りの回路が複雑であるため，大容量のメモリには向いていない。

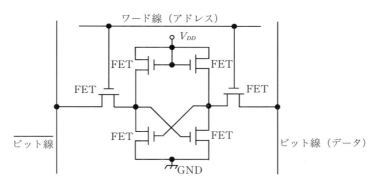

図 6.7　MOS 型 S-RAM メモリセルの構造

〔**2**〕 **DRAM**　　DRAM（dynamic RAM）は**コンデンサ**によってメモリセルを構成した RAM で，**図 6.8** に示すようにメモリセルをコンデンサとトランジスタの一つずつで構成している。コンデンサの**電荷**で"0"か"1"かを記憶しているが，電荷は自然放電してデータを失ってしまう。そのため，放電してしまう前にコンデンサを再充電する必要があり，これを**リフレッシュ**と

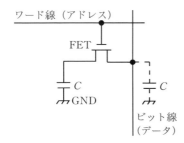

図 6.8　1素子 MOS 型 D-RAM メモリセルの構造

呼んでいる。DRAM のコンデンサは，静電容量が非常に小さく，電荷をためておける時間，**ホールドタイム**は非常に短い。したがって，頻繁にリフレッシュを行わなければならない。また，リフレッシュ中はデータの読み書きができず CPU からのアクセスも待たされてしまう。このような理由もあって，DRAM は SRAM より動作速度が遅くなる傾向があるが，1 メモリセル当りの回路が簡単なため，同程度の製造技術を用いた場合，SRAM の約 4 倍の密度を実現できる。その分，単位容量当りのコストが安く，パソコンの**メインメモリ**などに用いられている。

6.3 メモリの階層構成

最近，パソコンの高性能化は目覚しいが，**マルチメディア**に対応した，という点が大きいのではないだろうか。マルチメディアとは，**画像**や**音声**，**動画**など，さまざまなメディアを指すが，これを扱うためには，**処理速度**が速いこと，大量のデータを扱うための**大容量**の記憶装置を持つことが必要である。それは，音声や動画などが文字情報に比べて，その**情報量**が桁違いに大きいからである。**表 6.1** は，CD-ROM 1 枚にどれだけの情報を記録できるかをまとめた表である。この表からも，マルチメディア情報がいかにデータ量が多いかがわかるであろう。

表 **6.1** マルチメディアの情報量

データの種類	CD-ROM に記録できる量	圧縮すると（圧縮方式）
文字	原稿用紙（400 字） 約 979 000 枚	
音声 （電話品質）	約 27 時間 64 kbps	約 109 時間 16 kbps（ITU-T G.728）
音声 （音楽 CD 品質）	約 74 分 1.41 Mbps	約 408 分 256 kbps（MP3，AAC など）
動画（地上波デジタル放送）	約 5.5 秒 1.12 Gbps	約 372 秒 16.85 Mbps（MPEG2 TS）
動画 （4K 放送）	約 0.5 秒 11.9 Gbps	約 179 秒 35 Mbps（H.265/HEVC）

6.3 メモリの階層構成

人間の脳細胞は約140億個もあるといわれ，一生かかってもそのすべてを使いきることはないそうである。コンピュータのメモリもこうだとよいが，実際には技術的・予算的な問題から限られた容量しか使うことができない。

また，CPU は3年でほぼ2倍の処理能力の向上を実現し，非常に高性能化しているが（**ムーアの法則**），メモリの高速化は追い付かず，CPU の処理速度に比べてメモリの速度が遅く，CPU に待ち時間が生じている。**ノイマン型**のコンピュータでは，プログラムやデータがメモリに置かれ，それらを読み出さないと処理を行うことができない。CPU だけがいくら高速になったとしても，メモリが遅くては**ボトルネック**が生じ，システム全体の処理能力を向上することはできない。

一般的に高速なメモリは容量が少なく，また，大容量のメモリは速度がそれほど速くないという傾向にあり，大容量で高速，しかも低価格という三つの特性を満たすことは難しく，そこに創意工夫が必要となる。

大容量で高速，しかも低価格なメモリを実現するために，メモリの階層構成という技術がある。図 **6.9** はメモリの階層構成を示した図である。ピラミッド型の頂点がCPUで，CPUに近い側（上）に**高速・小容量**のメモリを，遠い側（下）に**低速・大容量**のメモリを配置することにより，見かけ上，**高速・大容量**のメモリを実現する技術である。

CPU とメインメモリの間にある**キャッシュメモリ**は，メインメモリを見かけ上高速にする技術で，メインメモリの下にあるハードディスク（仮想記憶）

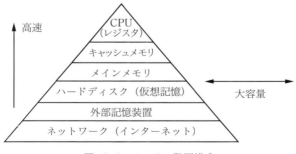

図 **6.9** メモリの階層構成

はハードディスクの一部をメモリとして使い，メインメモリの見かけ上の容量をより大容量にする技術である。

その下にある**外部記憶装置**は，磁気テープや光ディスクを使用し，たくさんのテープやディスクを自動，手動で切り替えることにより，非常に大容量の記憶装置を実現する技術である。また，最近では**インターネット**を通じて事実上無限の情報を得ることができるようになり，インターネット（クラウドストレージ）もメモリの階層構成の一角に入れる必要があるかも知れない。

6.3.1 キャッシュメモリ

ノイマン型のコンピュータでは，図 6.10 に示すように CPU がメモリを参照する場合，最近参照された命令やデータが近い将来再び参照される確率が高く（**時間的局所参照性**），また，その近くにある命令やデータが参照される確率が高い（**空間的局所参照性**）という傾向がある。時間的局所参照性はデータで発生する確率が高い。例えば，C 言語で以下のようなプログラム（一部）があったとする。

```
int i , sum = 0;
for ( i=0 ; i<100 ; i++)
    sum += i;
```

i や sum といった変数は，実行時にメモリのあるアドレスに配置されるが，そのアドレスは，上記の for 文が始まると盛んにアクセスし，for 文が終わる

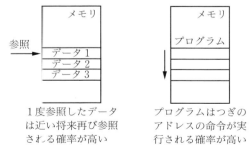

図 6.10 メモリ参照の局所性

とアクセスしなくなるといった時間的なばらつきが生じる。

　空間的局所参照性はプログラムで発生する確率が高い。プログラムは上から下へ向かって実行されるため，いま実行したつぎのアドレスの命令を実行する確率が高くなる。もちろん，ジャンプ命令などで違うアドレスに飛ぶ場合もあるが，その確率はあまり高くない。

　この**参照の局所性**（referential locality）に着目して，CPUとメインメモリの間に高速・小容量のメモリを置いたのがキャッシュメモリ（cache memory）である。図 **6.11** のように，メインメモリには比較的安価で大容量なDRAMが使用され，キャッシュメモリには高速で小容量のSRAMが使用される。

図 **6.11**　キャッシュメモリ

　CPUがメインメモリのあるアドレスからデータを読み込むとき，キャッシュメモリにもそのデータを蓄えておく。その後，CPUが再び同じアドレスからデータを読み込もうとしたら，メインメモリの代わりにキャッシュメモリからデータを供給する。そうすれば，CPUは低速なメインメモリに待たされることなく，高速にデータを読み込むことができる（時間的局所性を利用）。

　また，CPUがあるアドレスの命令を実行しているとき，その命令が終了するのを待たずにつぎのアドレスの命令をキャッシュメモリに読み込んでおく。このメモリの先読みによりCPUがその命令を終了してつぎの命令に移行するときには，つぎの命令はキャッシュメモリに読み込まれているので，CPUは高速につぎの命令を読み込むことができる（空間的局所性を利用）。

　図 **6.12** のように，CPUからの参照がキャッシュメモリ内に存在した場合を**ヒット**（hit）したといい，キャッシュメモリに存在しなかった場合を**ミス**（miss）したと呼ぶ。また，ヒットした確率を**ヒット率**と呼び，ヒット率はキ

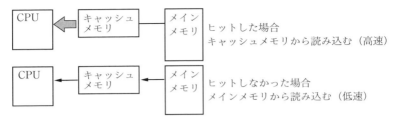

図 6.12　キャッシュメモリの動作

ャッシュメモリのコントロール方法，**キャッシュアルゴリズム**の良しあしによって変化する。キャッシュアルゴリズムとしてはいろいろあるが，キャッシュメモリを複数のブロックに分けて管理し，空きブロックがなくなった場合，最も長い間参照されなかったブロックを追い出して新しいデータと置き換える **LRU**（least recently used）**方式**がよく使われている。

　CPU が書込みを行う場合には，キャッシュメモリと同時にメインメモリにも書込みを行うと，書込みの時間はメインメモリのアクセス時間と同じなので，書込みに関してはキャッシュメモリでの高速化はされないことになる。この方式を**ライトスルー**（write through）**方式**と呼ぶ〔図 6.13(a)〕。これに対して，書込みをキャッシュメモリのみに行い，書込み時間をも短縮する方式を**ライトバック**（write back）**方式**と呼ぶ〔図(b)〕。しかし，この方式では，実際に書き込まれたデータはキャッシュメモリ上にしか存在しないため，いずれキャッシュメモリの内容をメインメモリに書き戻さなければならない。この動作をライトバックと呼び，その動作は複雑になる。

　CPU とメインメモリの速度差が拡大するに伴って，キャッシュメモリも一

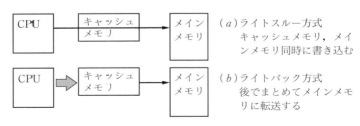

図 6.13　キャッシュメモリの書込み方式

つだけでは十分な効果が得られなくなっている。そこで，キャッシュメモリが2段，3段と重ねて実装されることがある。この場合，CPUに近い位置にあるほうから，**1次キャッシュ**（primary cache memory，L1 cache とも呼ぶ），**2次キャッシュ**（secondary cache memory，L2 cache とも呼ぶ），3次キャッシュと呼ぶ。1次キャッシュは最も高速・小容量，2次キャッシュは1次キャッシュよりも少し遅く，少し容量が大きいというように，CPUとメインメモリの差を埋めるように配置される。

図 **6.14** のように，1次キャッシュメモリは命令用とデータ用のキャッシュメモリが物理的に独立して実装される場合が多い。容量は命令用，データ用ともに数十 Kbyte 程度であり，CPUがマルチコアの場合には各CPUコアごとに実装される。

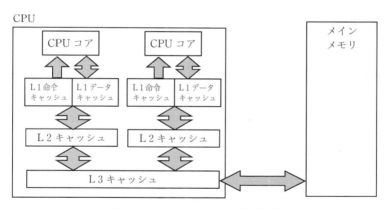

図 **6.14** キャッシュメモリの構成

2次キャッシュメモリは命令用，データ用の区別はなく，各CPUコアごとに実装されることが多い。容量は数十 K～数 Mbyte 程度であるが，3次キャッシュが実装される場合は比較的小容量である場合が多い。

3次キャッシュメモリは，コア数によらず一つにまとめられることが多い。容量は数 M～数十 Mbyte で，サーバ用途のCPUでは容量が大きくなっている場合が多い。

6.3.2 仮想記憶

主記憶装置では比較的安価で大容量なDRAMが使用されているが,さらに大容量のメモリを安価に実現したいという要求をかなえる技術が仮想記憶(virtual memory)である。ハードディスクはDRAMよりも低速だが,1ビット当りの単価はより安価である。そこで,キャッシュメモリと同様に**参照の局所性**を利用して,実際に持っている主記憶装置以上の容量のメモリを見かけ上利用することができる。

仮想記憶では利用できるメモリが増えることになるので利用できるアドレスも増えることになる。コンピュータに実装されているメモリ(物理メモリ)と仮想記憶により作り出されたメモリのアドレスを区別するため,物理メモリのアドレスを**物理アドレス**,あるいは**実アドレス**と呼び,仮想記憶でのアドレスを**論理アドレス**,あるいは**仮想アドレス**と呼ぶ。また,物理メモリで使用できるアドレスの範囲を**物理アドレス空間**,あるいは**実アドレス空間**と呼び,仮想記憶で使用できるアドレスの範囲を**論理アドレス空間**,あるいは**仮想アドレス空間**と呼ぶ。

実アドレス空間と仮想アドレス空間を対応付けることを**マッピング**(mapping)と呼び,**ページング方式**と**セグメント方式**の2種類の方式がある。

〔**1**〕 **ページング方式**　図 **6.15** に示すように,ページング方式は記憶領域をページという**固定長**のブロックに分割して,**アドレス変換表**によって仮

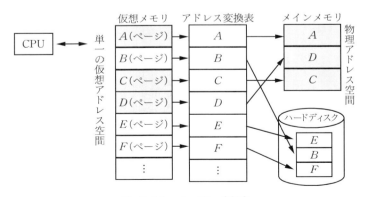

図 **6.15**　ページング方式

想アドレスと実アドレスの対応を管理する方式である．プログラムによって指定された仮想アドレスは，このアドレス変換表で対応するページが主記憶装置にあるかどうか確認され，もしなければハードディスクから主記憶装置に転送された後にアクセスされる．

ページング方式は，マッピングの単位が固定長であり，メモリの管理が簡単であるという特徴がある．

〔2〕 **セグメント方式**　図 **6.16** に示すように，セグメント方式はセグメントと呼ばれる**可変長**ブロックでマッピングを行う方式で，セグメントはプログラム単位に作成される．ページ方式では単にアドレス空間が拡張されるだけであったが，セグメント方式ではセグメントごとにアドレス空間が拡張され，各セグメントが独立した**アドレス空間**を持つことができる．すなわち，セグメント番号とセグメント内のアドレスによる2次元アドレスに拡張されたことになる．

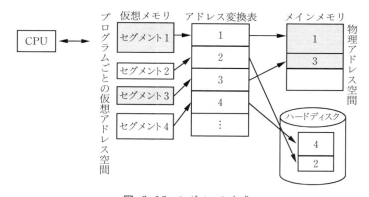

図 **6.16** セグメント方式

セグメント方式は，メモリの管理は複雑になるが，プログラムのサイズに適したブロックでのマッピングが行われるために効率がよく，また，複数のプログラムを同時に実行する場合，各プログラムがほかのプログラムに依存せず，完全に独立して動作させることができるなどの利点がある．

仮想記憶では，ページング方式でもセグメント方式でもメインメモリにない

領域をアクセスした場合，ハードディスクから読み込みを行う必要がある．しかし，メインメモリがすでに満杯で新たに読み込む余裕がない場合には，メインメモリのうち使われる可能性の低い部分をハードディスクに保存して，空いた領域に読込みを行う．図 **6.17** のように，メインメモリの内容をハードディスクに退避し，必要とする部分の読込みを行うことを**スワップ**（swap）と呼ぶ．

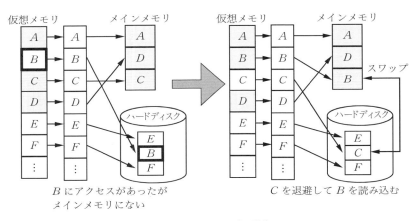

図 **6.17** スワップの発生

ハードディスクの速度はメインメモリと比較して非常に遅いので，このスワップが多発すると処理速度が急激に低下することになる．そのコンピュータで必要とする仮想空間のメモリ容量に対してメインメモリの容量が少なすぎるとスワップが多発することになるので，仮想空間のメモリ容量とメインメモリの容量はバランスを取る必要がある．

6.4 メモリの高速化手法

メモリをより高速に扱うための方法としては，アクセスを速くする，データバス幅を広くする，メモリを並列動作させる，などが考案されている．

6.4.1 アクセスの高速化

半導体製造技術の向上などによりメモリICの動作速度は年々高速化しているが，単に素子の速度を速くするというだけでなく，読み書きの方式の工夫により高速化を実現している。代表的なメモリとしてDRAMを例に説明を行うことにする。

一般的にDRAMのインタフェースは，図 6.18 に示すように，アドレスやデータ信号のほかに，**RAS**，**CAS** のような**制御信号**が必要となる。RAS（row address strobe）は格子状に配置したメモリセルの行を指定するアドレス（**行アドレス**）を与えるタイミングを示す信号線である。CAS（column address strobe）は**列アドレス**を与えるタイミングを示す信号線である。

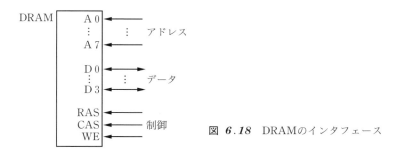

図 6.18 DRAMのインタフェース

SRAMでも内部のメモリセルは格子状の形状を取っているが，そのようなことをまったく気にしなくとも使用することができる。しかし，DRAMでは，すべてのメモリセルに対して順番にリフレッシュを行わなくとも，行アドレスのアクセスだけで，同じ行のメモリセルのリフレッシュを一度に行う工夫をしているため，行アドレス，列アドレスに分けて与えることになっている。

図 6.19 はリード動作時のタイミングチャートであるが，DRAMにアクセスしはじめてから，データが出力されるまでの時間を**アクセスタイム**と呼ぶ。また，その後，内部での処理が終わり，つぎにアクセスできるようになるまでの時間を**サイクルタイム**と呼ぶ。

アクセスタイムやサイクルタイムは，DRAM内部で使用されているFETなどの動作時間によって決まり，半導体製造技術など，製造時の構造や，温度

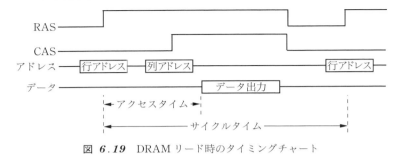

図 **6.19** DRAM リード時のタイミングチャート

など使用時の環境などによっても変化してしまう。DRAM の動作を極限まで高速化しようとした場合，DRAM の内部動作を一つのクロックに同期させて厳密に制御したほうが有利である。外部クロックに同期させて動作する DRAM を**同期型 DRAM**，同期していない DRAM は**非同期型 DRAM** と呼ばれている。

同期型 DRAM（SDRAM：synchronous DRAM）では，一般的にリフレッシュ用のタイマや，アドレスカウンタなどを内蔵させ，より高度な動作を実現している。非同期型 DRAM では，RAS や CAS 信号は単なるタイミング制御のみで使用されていたが，SDRAM では内蔵するタイマやカウンタを使用したより高度な制御を行うため，RAS，CAS，WE，CS の 4 信号の組合せによって以下に示すようなコマンドを選択して動作させている。

 MRS （モードレジスタセット）
 REF （オートリフレッシュ）
 SELF （セルフリフレッシュ開始）
 SELX （セルフリフレッシュ終了）
 ACTV （ロウアドレスラッチ）
 READ （データリード）
 WRITE （データライト）
 PRE （指定バンクプリチャージ）
 PALL （全バンクプリチャージ）

また，SDRAM では**バースト転送機能**により，高速なアクセスを実現して

いる。図 6.20 は SDRAM のバースト転送のタイミングチャートである。バースト転送とは，内蔵したカウンタで連続したアドレスを作り出し，1 回のアドレス指定で，4 回とか 8 回連続してデータ転送を行う機能である。ノイマン型の計算機では，メモリの空間的局所参照性により連続したアドレスのアクセスを行う確率が高いため，後に続くアドレスを先読みし，キャッシュメモリに入れておくことでより高速なアクセスが期待できる。なお，列アドレスを与えてから，データが出力されるまでの時間を「**CAS レイテンシ**（CL）」と呼び，CL＝2 とは 2 クロック分の時間が必要だということである。

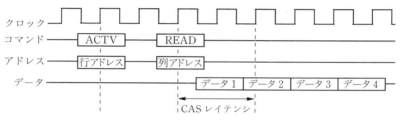

図 6.20 バースト転送時のタイミングチャート

6.4.2 データバス幅の拡大

データバスの幅を増やせば，メモリへのアクセスは高速になる。配線量が増大するため，むやみに拡大することはできないが，高性能化の要求は年々高まり，データバス幅は年々拡大する傾向にある。

メモリは一般的に**メモリモジュール**と呼ばれるいくつかのメモリチップを小さな基板にまとめて実装した部品を使用している。メモリのデータバスの幅を拡大するため，よりバス幅の広いモジュールが使用されるようになってきている。

また，**DRAM 混載プロセス**という IC の製造技術を用いると，CPU と DRAM を同一チップ上に作ることができる。この場合，データバスの配線がチップ内で行えるため，データバスの幅を拡大することに伴う配線量の増加をあまり考えなくともよくなる。データバス幅を数千ビットというように極端に

大きくすることも可能で，CPUとメモリの速度差を解消して性能向上が見込めるが，ICのチップサイズが大きくなり価格が高くなってしまうという問題点もある。ゲーム機やグラフィックス専用のCPUなど，比較的小容量のメモリで構成される場合には有効な手段である。

6.4.3 メモリの並列動作

複数のメモリを並列動作させ，読み書きの時間を短縮する**インタリーブ**と呼ばれる方法がある。図**6.21**はインタリーブという方法により，メモリの見かけ上のアクセス時間を高速化したときのイメージ図である。メモリを**バンク**と呼ばれる単位に分割して，それぞれ独立してアクセスできるようにする。1のアクセスが終わらないうちにつぎの2のアクセスを開始し，バンク1とバンク2の位相をずらした形でアクセスを行い，見かけ上のアクセス時間を半分にすることができる。

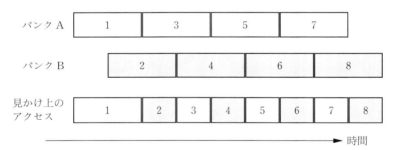

図 **6.21** インタリーブの例

インタリーブではバンクの数はいくつでも構わないが，たいていの場合は2の倍数としている。図6.21は2バンクの例で，2リーブと呼ぶ。2リーブの場合にはバンク1と2をそれぞれ偶数番地と奇数番地に割り振ることになる。これは，プログラムが実行される場合，メモリの空間的局所参照性により連続した番地がつぎつぎとアクセスされる可能性が高く，この場合，偶数，奇数，偶数，奇数と順番にアクセスされるからである。

バンク数を増やせばそれだけ高速化を行うことができるが，メモリを増設す

るときなどに不便になる。一つのメモリモジュールを複数のバンクで使用することはできないので，バンク数分のメモリモジュールを同時に増やすことが必要になるわけである。また，キャッシュメモリの効果などでバンク数を増やしてもそれほどの高速化が望めないため，一般的には2〜4リーブ程度にとどめていることが多いようである。

演 習 問 題

【1】 コンピュータ（ノイマン型）のメモリに記憶するものはなにか。二つ答えよ。

【2】 32ビットのコンピュータでは，メモリのアドレスは何ビット（何バイト）ごとに振られているか。また，64ビットのコンピュータではどうか。

【3】 半導体（IC）メモリを機能的に分類し，その種類と概要を説明せよ。

【4】 SRAMとDRAMの違いについて，構造，速度，容量，用途などの視点で説明せよ。

【5】 メモリの階層構成とはなにか。また，なぜこのような考え方をするのか。

【6】 メモリの局所参照性とキャッシュメモリの関係について説明せよ。

【7】 仮想記憶とはなにか。

【8】 メモリの高速化手法について，三つの方法を説明せよ。

7

インタフェース

コンピュータはCPUやメモリだけではなにもできない。外部からいろいろな情報を得て処理を行い，また外部へなんらかの出力を行う必要がある。例えば，パソコンでは，キーボードやマウスから入力を行い，ディスプレイに文字や画像を表示したり，プリンタに印刷したりする。また，エアコンに組み込まれたマイクロコンピュータでは，温度センサからの情報を得て，コンプレッサやファンのモータなどを制御している。この章では，このようなコンピュータの外部入出力に必要となるインタフェースを取り上げることにする。

7.1 インタフェースの概要

図 7.1 のようにコンピュータと外部の機器など，異なる種類の装置を接続するためには，その間を仲介するなんらかの装置が必要となる。この仲介する装置，回路，もしくはその方法を総称して**インタフェース**と呼んでいる。

インタフェースは一種類だけではなく，現在，たくさんの種類が使用されて

図 7.1 インタフェースの概念図

いる。これは，コンピュータに接続できる**周辺機器**がたくさんあり，その用途，機能により，適しているインタフェースが異なるためである。また，技術的な進歩に伴い，より大容量のデータを扱うようになり，インタフェースも大容量のデータに対応するように改良されたり，新しい規格が生まれたりしている。

しかし，むやみに新しい規格のインタフェースが作られてしまったのでは，つぎつぎと新しいインタフェースを用意しなければならず，使う側にとっては不便になる。また，同じインタフェースでも製造会社によって微妙に異なり，**互換性**がないようでも困ってしまう。そこで，単に新しい規格を考えるだけでなく，国際的な**統一規格**を定めたり，過去の規格との互換性を保つことなども重要になっている。

7.2 パソコン用インタフェース

パソコンで使用されているインタフェースの種類は非常にたくさんあり，とてもすべてを説明することはできない。そこで，**表 7.1** に示す現在主流となっているインタフェースを取り上げ，その特徴を説明することにする。

表 7.1 おもなパソコン用インタフェース

名 称	概 要
パラレル	おもにプリンタ接続用で，8ビットのデータを並列に転送する。
シリアル	おもに通信に使用し，データを直列に転送する。
USB	パソコン用のインタフェースの統合を目指して考案された規格で，さまざまな機器を接続できる。
IDE（ATA）(SATA)	おもにハードディスクやCD-ROM等の接続に使用し，比較的安価である。パラレルとシリアルがある。
SCSI (SAS)	ハードディスクなどの接続に使用し，比較的高価であるが高性能で，サーバなどで使用される。パラレルとシリアルがある。
HDMI	映像・音声をディジタル信号で伝送する通信インタフェースの標準規格。ディスプレイの接続などに使用される。
イーサネット	LANやインターネットに接続するために使用される。

7.2.1 パラレルインタフェース

かつてパソコンのプリンタ接続用インタフェースとして用いられていたのがパラレルインタフェース(パラレルポート)である。パラレルとは並列という意味で,複数ビット(一般的には8ビット)のデータを並列に転送する規格である。規格では,接続するコネクタの形状,ピン数,各ピンの信号の種類,電圧などの電気的特性,データ受渡しの手順など,さまざまな項目が定められている。

パラレルインタフェースは使用するケーブルの信号線数が多いため,後述のUSBなどへの世代交代が進んでいる。

7.2.2 シリアルインタフェース

パラレルインタフェースが複数ビットのデータを同時に転送するのに対して,シリアルインタフェースでは1ビットずつ順番に転送していく方式である。ハードウェア的にはシリアルインタフェースを持たないパソコンが多いが,後述のUSBをはじめとする各種のインタフェースがこのシリアルインタフェースを基本としているため,その方式を知ることは重要である。

シリアルデータ転送では,**同期モード**(synchronous mode)と**非同期モード**(asynchronous mode,調歩同期モードともいう)と呼ばれる2種類の通信方式が用いられている。

非同期モードではデータの単位(一般的には1バイト=8ビット)ごとに,**スタートビット**,**ストップビット**を付加し,1バイトごとに信号の同期を取っている。図 **7.2** に示すように,まず,スタートビット1ビット(必ず0)を

図 **7.2** 非同期モードの信号例

送り，続けてデータビットを下の桁（**LSB**）より順に1ビットずつ送っていく。つぎに**パリティビット**が1ビット（ない場合もある）が続き，最後にストップビット（必ず1）を送り（1ビットまたは1.5ビットまたは2ビット），1バイト分のデータ転送を終了する。この後，続けてつぎのデータを送ることもあるが，すぐに送るデータがない場合には，ストップビットで送った1の状態を維持して任意の時間を待つこともある。つぎのデータを送りたくなったら，おもむろにスタートビットから始めることになる。

なお，パリティビットとはエラー検出のための**冗長ビット**で，1の出現回数を計数し，その数が偶数個か，奇数個かを表す1ビットのデータに付加している。受け取った側でも同じように計数し，結果がパリティビットの結果と一致するかどうかでエラーの検出を行っている。

また，ストップビットが1ビットから2ビットまであるのは，過去に処理速度の遅い機器で通信を行っていたころの名残である。最近では遅い機器を使用することはないので，ストップビットはほとんど1ビットが選ばれている。

シリアルデータ転送で1ビットを送り終えたかどうかは，単に1ビット分の時間が経過したかどうかで判断している。あらかじめ1ビット分の時間を決めておき，時間が来たらつぎのビットに切り替えを行う。この1ビット当りの時間は通信速度であり，単位は1秒当りのビット数 **bps**（bit per second）で表す。例えば9 600 bpsとは，1秒間に9 600ビットのデータが転送されるということで，逆の見方をすれば，1ビット当りの時間は1/9 600秒ということになる。

非同期シリアルデータ転送では，通信速度，データビットのビット数，パリティビットの有無，ストップビットのビット数等の組合せがいろいろあり，送信側受信側の双方が事前にこの組合せを合わせておく必要がある。

なお，非同期モードでは，1バイト（8ビット）のデータを転送するのに最低でもスタートビットとストップビットの2ビットを余分に付加することになるから，実効的な転送速度は25％程度低下することになる。

通信時間の計算例として，通信速度9 600 bps，データビット8ビット，パ

リティビットなし,ストップビット1ビットで100 000バイトのデータを転送したとすると,通信に要した時間は,データビット8ビットにスタートビット1ビットとストップビット1ビットを加え,1バイトを10ビットで計算し,以下のようになる。

> 通信時間＝総ビット数÷通信速度
> ＝総バイト数×(スタートビット＋データビット＋ストップビット)÷通信速度
> ＝100 000バイト×10ビット÷9 600 bps
> ＝104.2秒

同期モードでは送信側と受信側が完全に同期を取って通信を行う。送信側と受信側で別々なクロックを用いれば,どんなに正確なクロックを用いたとしても誤差が蓄積して同期を維持することはできない。同期を取るためにはなんらかの方法で同期用のクロック信号を送信側から受信側に伝える必要がある。データとクロックの2信号を送る方法もあるが,データ信号からクロックを再生することにより,1信号だけで同期モードを実現することもできる。

データ信号からクロックを再生するにはDPLL (digital phase lock loop)が用いられ,データ信号の1/0の変化点に着目して受信側のクロックの周波数をつねに送信側のクロックと同じになるように補正している。送信側と受信側とで徐々にずれが生じても,1クロック分ずれる前に補正すれば同期が乱れることはない。しかし,長い間,データ信号の1/0の変化点がないと(0か1が連続して続く場合),補正を行えずに同期が維持できなくなる。そこで,0や1が連続するような場合には,送信側で定められた個数ごとに強制的に1ビット分変化点を作るビットを挿入して同期を維持するようになっている。受信側では逆に定められた個数と同じデータが続いた場合,つぎの1ビットは同期維持のために強制的に挿入したビットだと判断してその1ビットを削除し,同期を維持するとともに元のデータへ復元している。

同期モードでは,この同期維持のための挿入ビット以外,無駄な付加ビット(非同期モードのスタートビットやストップビット等)がないため効率的であ

り，実質的な転送速度は高くなる。例えば，通信速度 9 600 bps，データビット 8 ビットで 100 000 バイトのデータを転送したとすると以下のようになる。

$$通信時間 = 総ビット数 \div 通信速度$$
$$= 総バイト数 \times データビット \div 通信速度$$
$$= 100\,000 \text{ バイト} \times 8 \text{ ビット} \div 9\,600 \text{ bps}$$
$$= 83.3 \text{ 秒}$$

シリアルインタフェースはこのようなデータ通信のほか，ネットワーク機器や制御機器などの各種専用機器の操作用にも利用されている。ネットワーク機器などは初期設定がすめば後は操作することはほとんどない。そこで，専用の表示装置・入力装置等を持たず，このシリアルインタフェースによって初期設定等を行うことがある。ノートパソコン等をシリアルインタフェースに接続し，**ターミナルソフト**によって**キャラクタ端末**（コンソール）として使用する。この場合，非同期モード，通信速度 9 600 bps，データビット 8 ビット，パリティビットなし，ストップビット 1 ビットという設定が実質的な標準規格となっている。

7.2.3 USB インタフェース

USB (universal serial bus) はさまざまな周辺機器を一つのインタフェースで簡単に接続できるように，パソコン用インタフェースの統合を目指して考案された規格である。最大 127 台の機器を，パソコンの動作中に電源を入れたまま接続したり外したりすることができ（**ホットプラグ**），また，USB を通じて周辺機器に電源を供給することもできるようになっている。また，パソコン本体の USB ポートが不足した場合，**USB ハブ**と呼ばれる機器を使用して容易に拡張できるようになっている。

現在，USB インタフェースで接続できる周辺機器は，キーボード，マウス，プリンタ，スキャナ，ディジタルカメラ，TV カメラ，スピーカ，フロッピーディスクドライブ，ハードディスクドライブ，CD-ROM ドライブなど非常にたくさんある。転送速度は，**USB 1.1 規格**では 12 Mbps，**USB 2.0 規格**で

は480 Mbps，**USB 3.0 規格**では5 Gbps，**USB 3.1 規格**では10 Gbpsである。

7.2.4 IDEインタフェース

IDE (intelligent drive electronics) インタフェースは，かつてハードディスクなどのインタフェースとして規定されたパラレルインタフェース規格である。

パラレルインタフェースがUSB等の高速シリアルインタフェースに世代交代していくように，IDE（ATA）インタフェースも高速シリアル化が進んでいる。シリアル規格のIDE（ATA）は **Serial ATA**（SATA）と呼ばれ，Serial ATA Revision 1.0 はデータの転送速度が1.5 Gbpsであり，Revision 2.0 で3 Gbps，Revision 3.0 で6 Gbpsへと高速化が進んでいる。

7.2.5 SCSIインタフェース

SCSI (small computer system interface) はIDEと同様にHDDなどを接続するためのインタフェースであるが，より汎用性の高い規格としてANSIにより規格化されている。

SCSIもIDE（ATA）インタフェースと同様にシリアル化が進み，SAS (serial attached SCSI) と呼ばれている。データ転送速度はSAS 1.0 が3 Gbps，SAS 2.0 が6 Gbps，SAS 3.0 が12 Gbpsとなっている。

一般的にSAS機器はSerial ATAに比べて高価であり，高速なサーバ用に用いられることが多い。

7.2.6 HDMIインタフェース

HDMI はPCとディスプレイの接続やディジタル家電向けの標準規格であり，音声伝送機能や著作権保護機能（ディジタルコンテンツ等の不正コピー防止）を備えている。1本のケーブルで映像・音声・制御信号の伝送を行うことができ，3D映像や4K映像の伝送，イーサネットの伝送サポートなども規定

されている。

7.2.7 イーサネットインタフェース

パソコンをLANやインターネットに接続する際に使用するインタフェースである。**UTP（ツイストペア線）** や **光ケーブル** など，使用するケーブルによっていくつかの規格があるが，詳しくは 10 章 10.3 節で紹介する。

7.3 マイクロコンピュータのインタフェース

最近ではエアコンや炊飯器，ビデオ，洗濯機に至るまで，ありとあらゆる電化製品に**マイクロコンピュータ**が組み込まれるようになっている。電化製品に組み込まれたマイクロコンピュータもさまざまなインタフェースを持っているが，大まかに分類すると，パラレル，シリアル，アナログの三つのインタフェースに分類できる。

7.3.1 マイクロコンピュータ用パラレルインタフェース

パラレルインタフェースではON/OFF，もしくは0/1などの2値の情報の入出力を行う。例えば入力では，操作ボタンが押された，扉が開いたなどを0/1で検知したり，出力では，LEDを点灯したりモータの回転を制御したりする。

図 **7.3** にパラレルインタフェースの入力回路，出力回路の例を示す。CPUと入出力装置を直接接続するのではなく，**I/Oポート**を介して接続する。CPUはメモリや各種のインタフェースとのデータのやり取りをバスを使用して行っている。さまざまなデータがこのバスを行き来するので，入出力装置等を直接接続してしまうとデータの衝突が起こってしまう。そこで，I/Oポートにより必要なときにだけバスにデータを送ったり，また，一度送ったデータを保持させたりしてデータの衝突が起こらないようにしている。

図 (*a*) の入力回路は，スイッチのON/OFFによって0/1の信号を入力す

118   7. インタフェース

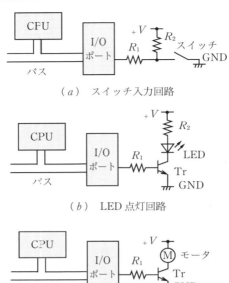

(a) スイッチ入力回路

(b) LED 点灯回路

(c) モータ制御回路

図 7.3 パラレルインタフェースの入出力回路

る回路の例である．スイッチがOFFのときには，I/Oポートの入力端子の電位は＋VによってHighレベルになり，1が入力される．スイッチがONになると，I/Oポートの入力端子の電位はGNDによってLowレベルになり0が入力される．なお，抵抗R_1はI/Oポートの入力端子の保護用，抵抗R_2はスイッチがONになったときの電流制限用である．

図(b)はLED点灯回路の例である．CPUからの制御によりLEDをつけたり消したりする．I/Oポートの出力端子は非常に小さな電流しか流すことができず，直接LEDを点灯することはできない．そこで，トランジスタによって増幅を行っている．なお，抵抗R_1はI/Oポートの保護用，抵抗R_2はLEDの電流制限用である．

図(c)はモータ制御回路の例である．LEDのように抵抗によって電流を制限する必要がないので，抵抗R_2はない．

7.3.2 マイクロコンピュータ用シリアルインタフェース

シリアルインタフェースは 7.2.2 項で説明したパソコンのシリアルインタフェースとまったく同じである。

7.3.3 マイクロコンピュータ用アナログインタフェース

アナログ信号を扱うには，**A–D**，**D–A** コンバータ（変換器）を使用する。A–D コンバータはアナログをディジタルに変換する装置で，外部からのアナログ信号をディジタルに変換して CPU へ入力する装置である。また，D–A コンバータはディジタルをアナログに変換する装置で，CPU からのディジタル信号をアナログ信号に変換して出力する装置である（**図 7.4**）。

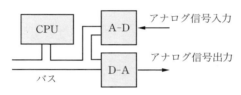

図 **7.4** アナログインタフェース回路

A–D，D–A コンバータでは，使用するアナログ信号の範囲（**レンジ**），**分解能**（ビット数），扱う信号の周波数（**変換速度**）などが重要な項目になる。扱うアナログ信号が正の電圧だけである場合と正負の両方を扱う場合では方式が異なり，扱う最大電圧も事前に決めておく必要がある。

また，使圧するビット数により精度が変わってくる。8 ビットのコンバータでは，扱う最大電圧の 256 分の 1 が分解能となり，これ以上細かな値は扱えず誤差となる。精度を上げるにはビット数を増やし，12 ビットや 16 ビットのコンバータを使用することになる。

さらに，扱うアナログ信号に含まれる周波数成分により，必要となる変換速度が決まる。例えば音声信号を扱うのであれば，含まれる最高周波数成分は 20 kHz までと仮定し，**サンプリング定理**からその倍の周波数，40 kHz 以上（25 μs 以下）で変換できるコンバータが必要となる。

演習問題

【1】 パソコンで使用されるインタフェースで，代表的なものを五つ挙げ，その概要を説明せよ。

【2】 パラレルインタフェースとシリアルインタフェースの利点，欠点を比較せよ。

【3】 非同期シリアル通信のデータフォーマットについて，図を描いて説明せよ。

【4】 CD-ROM 1枚分のデータ（640 000 000 バイト）をシリアル回線で転送した。通信速度を 1 000 000 bps，非同期モード，データビット数 8 ビット，パリティビットなし，ストップビット 1 ビット，効率 100 % であったとすると，転送にかかった時間はいくらであったか。

【5】 あるファイルをシリアル転送したところ，転送にちょうど 100 秒かかった。通信速度 384 000 bps，非同期モード，データビット数 8 ビット，パリティビット有り（奇数），ストップビット 2 ビット，効率 100 % であるとすると，ファイルのデータサイズは何バイトであったか。

【6】 A-D，D-A コンバータでは，その性能を表すのに三つの重要な項目がある。それぞれの概要を説明せよ。

8

周 辺 装 置

　コンピュータに接続することのできる装置，周辺装置は非常に多く，逆に接続できない装置を探すほうが難しいといえるかもしれない。ここでは，この周辺装置を，入力装置，出力装置，補助記憶装置の3種類の切り口から，その代表的なものを取り上げていくことにする。

8.1 入 力 装 置

　入力装置が扱うデータはさまざまで，文字情報，音声情報，画像情報など，味覚や臭覚まで含めた人間の五感すべてがその対象となる。さらに，人間の感じることのできない電磁波や原子間力などを扱う場合もある。

8.1.1 文字情報の入力

　文字情報の入力には，頭の中に思い浮かんだ文章をなんらかの方法でコンピュータに入力する場合と，紙などにすでに書かれている文字情報を入力する場合があり，両者で意味合いはだいぶ違っている。

　前者の場合にはいわゆる**ヒューマンインタフェース**そのもので，いかに効率的に頭の中の情報を入力できるかという点が重要になる。頭に思い浮かべただけでコンピュータに入力することができればそれが理想なのだが，残念ながらそのようなセンサはまだ開発されていないし，なかなか実現しそうにもない。

　〔*1*〕 **キーボード**　　文字情報の入力に一番よく使われているのは，いまだにキーボードである。キーボードなど，そのうちになくなってしまうだろうと

思われたこともあったが，キーボードに変わるものは，なかなか難しいようである。

　キーボードから日本語の入力を行う場合には，ローマ字，もしくはカナで読みを入力し，パソコンに組み込んだ **IM**（input method）により漢字変換を行う。この IM の良しあしによって入力効率も大きく変わってくる。

　最近では，携帯電話やスマートフォン（スマホ）の普及により，携帯での入力方法（電話の 12 個のキーのみでの入力）やスマホでのフリック入力（テンキー風に配置された各行のあ段の周囲に，十字型に他のい段・う段・え段・お段の 4 段が潜在的に配置されており，あ段のキーを押しつつ目的の文字の方向に指をスライドさせることで，文字を入力する方式）が新しい文化として育っている。片手で入力できるという利点があるため，パソコンの世界にも入ってくるかも知れない。

　音声入力の認識率も実用に耐えうる程度にまでに向上してきたが，それほど普及しそうもない。声を出すということは意外に面倒なことのようで，少し慣れればキーボードから入力するほうが楽に思える。パソコンに向かってなにかもそもそとつぶやいているのはあまり気持ちの良いことではなさそうである。

〔2〕 OCR　　紙などにすでに書かれている文字情報を入力する場合には，

コーヒーブレイク

キーボードの配置

　キーボードの配置はローマ字入力用に考えられた訳ではないので，日本語入力では効率的な配置にはなっていないが，英文の入力にも適していないとのことである。もともと機械式タイプライタのキー配列がそのまま引き継がれたのであるが，昔の機械式タイプライタでは，同時に二つ以上のキーが押されると活字が絡んでしまうため，わざと速く入力できない配置（使いにくい）に決められたとのことである。なお，英語以外，例えばドイツ語を入力しようとすると，使用頻度の低い 'Y' が中央部分にあり，使用頻度の高い 'Z' が端のほうにあるため，非常に使いにくそうで，ドイツで使用されているキーボードは 'Y' と 'Z' のキーの位置が入れ替わっている。

画像の入力に使用する**イメージスキャナ**と **OCR**（optical character reader：光学式文字読取装置）を用いて取り込んだ画像から文字情報を抽出するのが一般的である。

OCR の認識率は高くなっているが，誤認識がまったくないわけではない。認識率 99 ％と聞くとほとんど誤認識がないように感じるが，実際にはこの教科書のページを読み込ませた場合，1 ページ当りの文字数は 1 000 文字弱あるので，1 ページに 10 文字程度，3 行に 1 文字の間違えがあることになるので，それなりの修正作業が必要である。

8.1.2 静止画像の入力

ワープロで作成する文書にも，きれいな絵や図・表を挿入することが当たり前になっている。お絵かきソフトを使用して絵を描く場合もあるが，写真や印刷物，または直接実物から画像を取り込む場合もある。

〔1〕 **イメージスキャナ**　写真や印刷物などの平面的な物からの静止画像取り込みには，図 8.1 のようなイメージスキャナが用いられる。イメージスキャナでは原稿に光を当て，反射してきた光を**ディジタルカメラ**や**ビデオカメラ**などで使用されているのと同じような **CCD**（charge coupled device：電荷結合素子）で捉えている。ただ，カメラと違い一瞬で画像を取り込むのではなく，徐々に**スキャン**しながら取り込んでいくので，CCD 素子は図 8.2 に示すような横一列に並んでいる 1 次元の素子を使うことが多い。

イメージスキャナの性能を決めるのは，画像の解像度，色数（ダイナミック

図 8.1　フラットヘッド型イメージスキャナ

図 8.2　1 次元 CCD 素子

レンジ),取り込み速度などである。イメージスキャナで取り込んだ画像は**ビットマップ**(bitmap,ドットの集まり)画像として取り込まれ,その解像度は,1インチ(2.54 cm)当りのドット数,**dpi**(dot per inch)で表される。この数値が大きければ大きいほどドットの数が多く,より精細な画像になる。色数はRGB各色のビット数で表され,各色8ビット,256階調で取り込むなら,8ビット×3色で24ビット(1 600万色)となる。このビット数が多ければ多いほど,より忠実な色を再現することができる。

〔**2**〕 **ディジタルカメラ** 直接実物から静止画像を取り込む装置としては,ディジタルカメラがある。ディジタルカメラはイメージスキャナと違い,画像を一瞬で取り込むので,CCD素子は**図 8.3**に示すような2次元の素子を使用する。元原稿という考え方はないので,解像度の単位としてdpiを使用するのは不適切であり,解像度の表示にはCCDの画素数を使用する。30万画素では,パソコンのディスプレイ画面の基本となっている最も粗い解像度であるVGA(横640,縦480)と同程度の解像度(640×480≒300 000),300万画素では(2 048×1 536≒3 000 000)程度,800万画素では(3 264×2 448≒8 000 000),2 400万画素では(6 000×4 000=21 000 000)程度になる。

図 8.3 2次元CCD素子

ディジタルカメラは携帯するため,撮影したデータをなんらかの記憶装置に記憶する必要がある。**記憶メディア**としては各種の**フラッシュメモリ**(電源を切っても内容が消えない不揮発性の半導体記憶素子)を使用している。

なお,撮影した画像情報は非常に容量が大きくなってしまう。例えば800万画素(3 264×2 448)でRGBが各色8ビットの場合,1枚の静止画像容量は約24 Mバイトにもなってしまう。そこで,画像を圧縮して記録するのが一般

的である.静止画像の圧縮方式にはいろいろあるが,ディジタルカメラでは,電子情報技術産業協会で制定されたカメラファイルシステム規格（design rule for camera file system）に準拠して **JPEG**（joint photographic experts group）を使用することが多いようである.JPEG は,画像を 8×8 ピクセルブロックに分割し,**フーリエ変換**の一種である DCT（discrete cosine transform：離散コサイン変換）により周波数分布を求め,高周波成分をカットした後,**ハフマン圧縮**をかける方式で,圧縮効率が非常に高いのが特徴である.しかし,圧縮した画像は情報量が減っていて,多少劣化している.**非可逆圧縮**といい,一度圧縮してしまうと元の画像を再現することはできない.

8.1.3 音声の入力

音声情報はマイク等を通してパソコンのサウンドカードなどから取り込むが,そのデータ量は非常に大きくなる.データ量は,取り込んだ音声情報の品質によって異なり,音声情報における品質は**周波数特性**（帯域幅）と**分解能**（ダイナミックレンジ）によって決まる.

周波数特性は,単位時間当りのデータの抽出数に依存し,その理論値はサンプリング周波数の半分になる.例えば,音楽用 CD の規格ではサンプリング周波数が 44.1 kHz と定められているが,これは人間の可聴域を 20 kHz までとし,1 割の余裕をとって定められた規格である.

また,分解能とは,音声信号の振幅を離散的に扱っているわけだが,どの程度細かく分割できるかという能力である.例えば,音楽用 CD の規格ではデータの量子化ビット数が 16 ビットに定められている.16 ビットでは,0〜65 535 までの値が扱えるので,信号の最大振幅を 65 535 分割した値が最低値になり,それより小さな信号は誤差となる.

CD 品質の音声情報はデータ量は非常に大きくなる.例えば,3 分間の音楽情報のファイルがあったとする.サンプリング周波数 44.1 kHz,量子化ビット数 16 ビット（2 バイト）,ステレオ（2 チャンネル），180 秒となるので,その容量は以下のように 30 M バイト以上になる.

126   8. 周 辺 装 置

$$\text{ファイル容量} = 44\,100\,\text{kHz} \times 2\,\text{バイト} \times 2\,\text{チャンネル} \times 180\,\text{s}$$
$$= 31\,752\,000\,\text{バイト}$$

静止画像は JPEG で圧縮するが，音声情報には音声情報に適した圧縮方法がある。現在，よく使用されている **MP3**（MPEG Audio Layer III）と呼ばれる音声圧縮技術は，音声，動画像，制御情報の圧縮技術を規定した国際標準規格，**MPEG**（moving picture experts group）の音声圧縮技術の一つで，圧縮後も音楽 CD と同等の音質を保ちつつ，元データの 10 分の 1 程度に圧縮することのできる規格である。

また，**AAC** という音声圧縮形式は MPEG 2 や MPEG 4 と呼ばれる動画形式で採用された MP3 の後継的なフォーマットであり，MP3 よりも圧縮率が高く，同じファイル容量ならより高音質である。

MP3 や AAC は元のデータに戻すことのできない非可逆圧縮音声フォーマットであるが，更なる高音質を求めて可逆圧縮であるロスレス（lossless）フォーマットや，サンプリング周波数や量子化ビット数を音楽 CD 規格以上に高めたハイレゾリューションオーディオ（high-resolution audio）も登場している。

8.1.4 動画像の入力

動画像の入力は，ビデオカメラや**ビデオキャプチャカード**（video capture card）などを使用して取り込むが，動画像情報は非常に大容量である。例えば，地上波デジタルで放送している映像の情報量は，1 Gbps 程度であり，2 時間の映画 1 本をそのままファイルに変換したとすると，その容量は約 1 T バイトになる。したがって，効率的な圧縮を行う必要がある。

動画像の圧縮方法でよく使用されているのは，MPEG という規格でありその圧縮原理は，前のコマとの差分情報のみを記録することを基本とし，JPEG と同様に空間的冗長性の削減に離散コサイン変換（DCT）を採用している。

また，より高画質な **Blu-ray** では H.264/MPEG-4 AVC という規格が，4K 放送では H.265/HEVC という規格が使用され，より効率的な圧縮が行われ

ている。

8.1.5 その他の入力装置

その他の入力装置としては，マウス，トラックボール，最近ではフォースフィードバック機能の付いた製品もあるジョイスティック，ノートパソコン等でマウスの代わりに使用されるトラックパッド，線と空白を組み合わせた図形のバーコードを読みとるバーコードリーダ，バーコードを2次元に拡張したもの等がある。

8.2 出力装置，表示装置

出力装置は，直接的，間接的に人の五感に訴えかけるものである。五感とは，視覚，聴覚，触覚，味覚，臭覚の五つの感覚だが，味覚と臭覚については，まだ実用には至っていないし，需要も少なそうである。触覚については，操作者に反力を返す**フォースフィードバック装置**がゲーム用や**バーチャルリアリティ**（virtual reality：仮想現実。音，映像，そして触感など五感に訴えかけて仮想的な世界を体験する）の応用として一部実用化され，その将来性が期待されている。また，聴覚に対する出力装置としては，音や音楽を作り出すシンセサイザとサンプリングされた音声信号データを再生する装置がある。

最もよく使用されているのは視覚に対する出力装置で，映像を表示するディスプレイ装置と，紙に印刷するプリンタがある。

8.2.1 ディスプレイ装置

〔**1**〕 **CRT**（cathode-ray tube：陰極線管）　　いわゆる**ブラウン管**式のディスプレイ装置である。ブラウン管は**真空管**の一種で，ヒータで加熱した陰極から飛び出した電子を高電圧で加速し，電気的・磁気的なレンズでビーム状に絞り，ターゲットとなる画面の裏側に塗布された蛍光体に当てることによって発光させて表示を行う装置である。

8. 周辺装置

世の中から真空管が消えて久しいが，CRT は最後の真空管として残っていた。しかし，液晶ディスプレイなどの普及によって，特殊な用途のものを除いて世代交代が進んでいる。

〔2〕 **液晶ディスプレイ**（LCD：liquid crystal display）　液体と固体の中間の性質を持つ液晶物質を 2 枚の薄いガラスで挟み，電圧をかけると分子の並びかたが変わるという液晶の性質を利用して，光の透過・非透過を制御し，表示を行う表示装置である。CRT ディスプレイと比べて消費電力が少なく，また，小型軽量にできるという利点がある。

〔3〕 **プラズマディスプレイ**（plasma display）　微細な蛍光灯のようなセルを集めた構造になっていて，各セルがプラズマ化したヘリウムガスやネオンガスのグロー放電現象により発光して表示を行う装置である。コントラストが高く，反応速度が速く，明るく視野が広いなどの利点があり，大型で非常にきれいなディスプレイを作ることができる。ただ，製造コストが高いため，パソコン用としてはあまり普及していない。

〔4〕 **HMD**（head mounted display）　頭部搭載型ディスプレイで，ヘルメットやゴーグル型の装置をかぶり，両眼の位置に左右別々の小型のディスプレイをセットし，**立体映像**を高視野角で表示する装置である。**バーチャルリアリティ**を体験するための装置で，1968 年にユタ大学の Ivan E. Sutherland 博士が発表した。見る人の回転や移動を検出してリアルタイム CG を同期させると，**完全視野**が得られて，仮想世界への**没入感**が得られる。

8.2.2 印刷装置

〔1〕 **ドットインパクトプリンタ**（dot-impact printer）　印刷用紙の前に**インクリボン**をわずかに離して置き，細い金属製のピンを叩き付けて印字する方式のプリンタである。印字音が大きく，解像度も上がらず，印字速度も遅く，価格も高いが，現在，複写式の帳票の印刷に使用できる唯一のプリンタで，伝票を扱う部門ではいまだに使用されている。

〔2〕 **インクジェットプリンタ**（ink jet printer）　液体のインクを紙に噴

射して印刷する方式のプリンタである。低価格で高画質の印刷が可能なため，個人向けのカラープリンタの主流になっている。カラー印刷をするには，**色の3原色**，マゼンタ，シアン，イエローの3色にブラックを加えた4色，もしくは，より高画質にするため，この4色に薄いマゼンタやシアンなどを加えた6〜7色のインクを使用する。吹き付けるインク粒子を小さくし，インク量を可変するなどの技術で，銀塩写真と同レベルの印刷ができるようになっている。

インクを噴射する方式としては，圧電素子に電圧を加え変形させてインクを噴射する電気機械変換方式と，インクに熱を加えて気泡を発生させ，インクを押し出す電気熱変換方式（バブルジェット方式）がある。液体インクなのでにじみや耐水性が低いという難点があるが，インクの改良も進んでいる。

〔3〕 **ページプリンタ**（page printer） 以前，プリンタは印刷単位の違いによって，1文字ずつ印字するシリアルプリンタ，1行ずつ印字するラインプリンタ，そして1ページずつ印刷するページプリンタに分類されていた。現在では，印刷の主体が文字からグラフィックに変わり，シリアルプリンタやラインプリンタという言葉は死語になったが，ページプリンタという名称だけは残っている。

ページプリンタは大部分が**電子写真方式**のプリンタである。電子写真方式とは複写機（コピー機）の原理で，コピー機から原稿を置く部分を取り，代わりにレーザ光などで印刷イメージを作り出す装置を付加した機構である。

コンピュータから送られてきたデータをページ単位で画像イメージに組み立て，このイメージに従ってシリコン等の感光体を塗布したドラムにレーザ光などを照射し露光する。ドラムはあらかじめコロトロンと呼ばれる放電装置によって帯電させ，表面に電荷をためておく。感光体は暗いところでは絶縁体に近く表面電荷は逃げないが，光が当たるとその部分だけ伝導率が高くなり電荷が放電する。その結果，ドラム表面には照射した画像イメージに対応した電荷が残ることになる。ここに**トナー**と呼ばれるプラスチックとカーボンを混ぜた微粉末を静電吸着させ，その後，印刷する紙に転写する。最後にヒューザと呼ばれるローラで熱と圧力を加えてトナーを溶かし，紙に定着させる。

画像イメージの露光にレーザ光を使用するプリンタは特にレーザプリンタ (laser printer) と呼ぶが，レーザ光以外でも一列に LED を並べて露光する方式もある。また，カラー印刷を行う場合は，4色のトナー（マゼンタ，シアン，イエロー，ブラック）を使用する。

8.3 補助記憶装置（2次記憶装置）

一般的に**主記憶装置**（メインメモリ）の容量には限界があり，すべての処理を主記憶装置だけで行うには無理がある。また，電源を切ると主記憶装置の内容は消えてしまうので，主記憶装置を補う記憶装置が必要となる。そのような記憶装置を主記憶装置を補うという観点から**補助記憶装置**（auxiliary storage unit）と呼ぶ。また，別の観点から，主記憶装置を**1次記憶装置**（primary storage），補助記憶装置を**2次記憶装置**（secondary storage）と呼んだり，本体の外部に設置されることから**外部記憶装置**（external storage unit）と呼ぶ場合もある。

補助記憶装置としてはさまざまな装置があるが，代表的なものとしては，ハードディスク，フロッピーディスク，光ディスク，光磁気ディスク，磁気テープ，フラッシュメモリ等がある。それぞれの特徴をまとめると**表 8.1** のようになる。

表 8.1 代表的な補助記憶装置の特徴

種　類	記憶容量	特　徴
HDD（ハードディスク）	大容量（〜数 T バイト）	ランダムアクセス，比較的高速
FDD（フロッピー）	小容量（数 M バイト）	媒体の交換が可能，安価
光ディスク	中容量（数百 M〜数十 G バイト）	ランダムアクセス，媒体の交換が可能，安価
磁気テープ	大容量（〜数百 T バイト）	ランダムアクセス不可，単位容量当りの価格が安い，媒体の交換が可能
フラッシュメモリ	中容量（数百 M〜数百 G バイト）	小型軽量，高速，物理的な駆動箇所がない

〔**1**〕 **ハードディスク**（hard disk） ハードディスクはアルミやガラスの円盤（**ディスク**）に磁性体を塗り，磁気的にデータを記録する装置である。硬い材質のディスクが使われているため，このような名前が付けられている。ハードディスクの一例を図 8.4 に示す。

図 8.5 に示すように，データの読み書きには**磁気ヘッド**を用いるが，ディスクを高速回転することにより空気の流れを作り出し，磁気ヘッドをディスク面からほんの少しだけ浮かせた状態で読み書きを行っている。磁気ヘッドが直接磁性体面に触れないので，傷が付いたり摩耗したりすることがなく，信頼性が高く寿命が長いという特徴がある。ただ，磁気ヘッドの浮上量はとても小さく，$0.02\,\mu m$ 程度である。たばこの煙の粒子が 2～4 μm 程度，髪の毛の直径が 100 μm 程度であるので，いかに小さいかがわかると思う。磁気ヘッドをジャンボジェット機にたとえると，地上 0.4 mm のところを飛んでいる計算になる。したがって，振動やショックに弱く，読み書き中に強いショックが加わると磁性体面を傷つけ，データが失われる（**クラッシュ**）ことがある。

図 8.4　3.5 インチ HDD の例

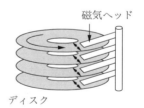

図 8.5　ディスクと磁気ヘッド

磁気ヘッドはアームによりディスク面と平行な方向に駆動され，ディスク面には同心円上にデータが記録される。図 8.6 に示すようにこの同心円上の記録データの並びを**トラック**（track）と呼ぶ。トラックはディスクの外周から内周にかけて 0 から始まるトラック番号が付けられている。一般的にディスクは表裏両面を使い，また複数のディスクをまとめて使用している。各ディスクの同じ位置にあるトラックは円筒状に並んでおり，これを**シリンダ**（cylin-

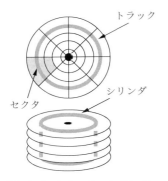

図 8.6 トラック，シリンダ，セクタ

der）と呼ぶ。シリンダにも番号が付けられていて，その番号はトラック番号と同じである。また，各トラックは**セクタ**（sector）と呼ばれる一定の大きさのブロックに分割されていて，トラックの先頭から順にセクタ番号が付けられている。このセクタはハードディスクを読み書きする最小単位になっている。

ハードディスクは機械的な駆動部分を含むので，データのアクセスは瞬時に行うことができず，つぎのような手順を踏むことになる。

1) 磁気ヘッドを目的のシリンダに移動する（**シーク**）。
2) 目的のセクタを探す（回転待ち）。
3) データの読み書きを行う（データ転送）。

この3点がハードディスクの性能を左右する特性となる。まず，磁気ヘッドの移動は**シーク**（seek）と呼ばれ，どのシリンダからどのシリンダに移動するかによって，その値は異なるが，平均して数 ms 程度である。つぎに回転待ちの時間であるが，これはディスクの回転数により決まる。最近のハードディスクではディスクの回転数は 5 000～15 000 rpm 程度で，1回転の時間の半分（2～6 ms）が平均回転待ち時間となる。最後にデータ転送の時間であるが，これはディスクの**記録密度**と回転数，パソコン本体とのインタフェースの性能により決まる。記録密度は**線記録密度**（bpi：bit per inch）と**トラック密度**（tpi：track per inch）によって決まり，一般的に，ディスク1枚（**プラッタ**）当りの容量が大きいほど，データ転送速度も速くなる傾向にある。

なお，半導体素子メモリ（主にフラッシュメモリ）を使用しハードディスクと同等の機能を実現した記憶装置，SSD（solid state drive）も急速に普及している。物理的な駆動箇所がないことから，特にランダムアクセス性能に優れており，省電力，静音，耐振動・衝撃性にも優れている。単位容量あたりの価格がハードディスクよりも高価ではあるが，その価格差は急速に縮まってい

る。また，フラッシュメモリの書き込み・消去の耐久性がハードディスクより劣るためサーバ用途での使用は難しかったが，書き換えを特定のブロックに集中させず，なるべく均等に分散されるよう制御する**ウェアレベリング**（wear levelling）技術等によりサーバ用のSSDも開発されている。

〔**2**〕　**フロッピーディスク**（floppy disk）　フロッピーディスクは磁性体を塗った薄い円盤状のポリエチレン製シートを使用した記憶媒体で，外形サイズによって8インチ，5.25インチ，3.5インチ，2インチなどの種類がある。記憶容量はフォーマットによっても異なるが，おもに1.44Mバイトである。かつては非常に多用されていたが，現在はほとんど姿を消している。

〔**3**〕　**光ディスク**　光ディスクには，CD，DVD，Blu-ray等がある。

CD-ROMは，音楽用のディジタルデータを記録するためにPhilipsとソニーによって考案・規格化されたCDを使用して文字や画像などコンピュータで処理できるディジタルデータを記録させるようにしたものである。CD-ROMのメディア1枚に700Mバイト程度のデータを記録することができるが，音楽用CDよりも**エラー検出・エラー訂正**を強化して，訂正不能エラーが発生する確率を音楽CDのおよそ1/1 000に抑えている。

CD-R（compact disc recordable）は，一度だけ記録，消去が可能（書き換えはできない）で，記録後の特性がCD規格を満足し，通常のCD-ROMドライブで読み出すことができるメディアである。CD-Rは大容量が記録でき，しかもメディアの価格が非常に安いため，急速に普及した。なお，相変化型の技術を使用して，繰返し書き換えを可能とした**CD-RW**（compact disc rewritable）もある。

DVD（digital versatile disc）はCDと同形状の記録メディアを使用して，大容量の記憶が可能なディスクで，記録容量は，**DVD-ROM**1層，片面で4.7Gバイト，2層片面で8.5Gバイトである。DVDには，読み取り専用のDVD-ROMのほか，1度だけデータを追記できる**DVD-R**や**DVD+R**，AV分野での利用を目的としたDVDビデオ，何度でもデータを書き換えられる**DVD-RAM**，**DVD-RW**，**DVD+RW**などがある。

Blu-ray disc（ブルーレイディスク）は，DVDの後継となる光ディスクであり，青紫色半導体レーザを使用する。DVDの5倍以上の記録容量（1層25Gバイト，2層50Gバイト，4層100Gバイト）を実現している。CDやDVDと同じように，読み出し専用のBD-ROM，一度だけ記録できるBD-R（Blu-ray disc recordable），書き換え型のBD-RE（Blu-ray disc rewritable）などがある。

〔**4**〕**磁気テープ** 磁気テープは，ランダムアクセスはできないため，ほかの記録メディアのような自由度はないが，非常に大容量で，かつメディアの価格が安いことなどから，ハードディスクなどの**バックアップ**として多用されている。

磁気テープの業界標準は「LTO (linear tape open)」という技術仕様であり，第6世代のLTO-6では記録容量が6.25Tバイト，速度も160 MB/sとハードディスク並みに高速である。

演 習 問 題

【1】 文字を入力するために使用できる装置を三つ挙げよ。

【2】 A4サイズ（210 mm×297 mm）の原稿をイメージスキャナで読み込んだ。解像度は300 dpiで，RGBが各8ビットだったとして，未圧縮のデータサイズはいくらになるか。

【3】 MPEG2で8 Mbps（固定）に圧縮した映像ファイルがある。このファイルの容量が1ギガバイトちょうどであったとするとこの映像の時間数はいくらか。

【4】 プリンタの方式を三つ挙げ，概要を説明せよ。

【5】 ハードディスクで，トラック，セクタ，シリンダ，シークとはそれぞれなにか。

【6】 ハードディスクで，ディスク1枚（プラッタ）当りの記録容量が増えると，データ転送速度にはどのような影響があるか。

9

ソフトウェア

パソコンやスマートフォンでソフトウェア（アプリ）というと，ワープロソフトやゲームソフト等を思い浮かべる人も多いと思うが，コンピュータの上で動いてるソフトウェアは，このようなアプリケーションソフトウェアばかりではなく，その土台を支えるOSもある。ここでは，OSとアプリケーションソフトウェアについて説明することにする。

9.1 OS

OS（operating system）とはなにか，一言で説明するには無理があるが，コンピュータを効率よく利用するための管理人であるということができる。この管理人が管理しているのは，つぎの3項目である。

1) プロセスの管理，　2) ファイルの管理，　3) リソースの管理

まずは，この3項目についてそれぞれ見てみることにする。

9.1.1 プロセス管理

プロセス（process）とはコンピュータの中で実行されているプログラムの一つを指す。このプログラムとは，コンピュータ側の管理する立場から見た単位で，使用者の側から見たプログラムとは必ずしも一致しない。例えば，パソコンのワープロで文書作成をしていたとする。見た目は一つのプログラムしか動いていないようにも思えるが，内部ではいくつかのプログラムが協調して動いている。キーボードから入力された文字列を漢字に変換するIM（input method），画面上で編集作業を行っているワープロソフト，図形の編集を行うために開いたお絵かきソフト，バックグラウンドで印刷を行うプログラムなど，それぞれが一つかそれ以上のプログラムで動いている。これらのプログラムがすべてプロセスであり，これらのプロセスをうまく管理して協調動作をさせないと，ワープロで文書を作成することができない。これはスマートフォンなどでもまったく同じであり，音楽を聞きながらウェブを検索したり，撮った写真を LINE で共有したりする場合も，多数のプロセスが協調動作している。

また，高性能なサーバなど，同時に複数のユーザが利用できる（**マルチユーザ**）コンピュータでは，同じプログラムを複数のユーザが同時に使用することもあり得る。プログラムを起動するということは，ハードディスクなどに格納されていたプログラムファイルをメインメモリに読み込み，CPU はメモリ上のプログラムを実行する。ハードディスクにあるプログラムファイルを直接実行している訳ではない。したがって，同時に複数のユーザが同じプログラムを起動したとすると，メモリにはプログラムが複数読み込まれ，それぞれが別々のプロセスになる。

プログラムを実行するということは，プロセスを生成するということであり，プログラムが終了するということは，プロセスを消滅させるということになる。なお，プロセスのことを**タスク**（task）と呼ぶ場合があるが，両者は同じ意味である。

プロセスの管理には，**シングルタスク方式**と**マルチタスク方式**の2種類がある。シングルタスク（single task）方式は，一時期にプログラムを一つだけ実行する方式で，プログラムを終了してからでないと別のプログラムを実行することはできない。以前パソコンで動作していた DOS は，このシングルタスク方式であった。

マルチタスク（multi task）方式は同時に二つ以上のプログラムを実行する方式である。各プログラムは並列実行されているのではなく，**図 9.1** のように短い時間間隔で切り換えて実行している。この切換えの間隔が十分短ければ，ユーザは複数のプロセスが同時に実行されていると感じることができる。

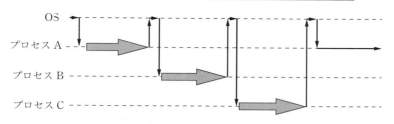

図 **9.1** プロセスの切換え

プロセスの切換えは，一定時間たったらプロセスの都合によらず OS が強制的に切り換える方式（**preemptive**）と，プロセスが制御を OS に戻さないと切り換えられない方式（**non-preemptive**）がある。non-preemptive では OS の管理は単純になるが，プログラムをうまく作成しないと，一つのプログラムが CPU を占有してしまう可能性がある。preemptive を実現するには，**インターバルタイマ**（interval timer）などによって周期的に割込みを発生させる。プロセス切換えの間隔を**タイムスライス**（time slice）と呼ぶが，この間隔が長すぎると各プロセスの待ち時間，**応答時間**（turn around time）が長くなるためスムーズに動作しなくなる。また，プロセスの切換えのための処理（**OS のオーバヘッド**）が発生するので，タイムスライスが短すぎるとシステムの効率が落ちてしまう。したがって，システムの規模，利用形態などに応じて，このタイムスライスは調整が必要になる場合もある。

どのプロセスを，どういう順番で実行するかを決めることを**スケジューリング**（scheduling）といい，いくつかの方法がある。代表的なスケジューリング方式として，図 **9.2** に示す**ラウンドロビン**（round-robin scheduling）**方式**

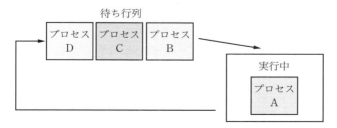

図 **9.2** ラウンドロビン方式のスケジューリング

がある。ラウンドロビン方式では待ち行列を作成し，その先頭のプロセスから実行していく。タイムスライスが経過したらプロセスを止め，待ち行列の最後尾に加える。

ラウンドロビン方式では，すべてのプロセスが平等に扱われるが，逆に優先順位をつけて処理することはできない。そこで，各プロセスに優先度を持たせ，優先度の高いプロセスから順に実行する方式もある。優先度だけでスケジューリングを行うと，優先度の低いプロセスはいつまでたっても実行されないという不具合が生じるので，実際にはラウンドロビン方式と優先度を組み合わせてスケジューリングを行うことが一般的である。

また，計測機器や制御装置，ロボット制御など，なんらかのイベントが発生するとすぐに処理を行わなければならないような用途もある。例えば，ロボットが前進しているとき，突然障害物が現れて，それを回避しなければならないような状況を考えてみる。ロボットはセンサで前方を確認しているが，確認のためのプログラムは非常に小さなプログラムで，これにたくさんのタイムスライスを割り当てるのは非効率的である。しかし，優先順位を低くしてしまったら，つぎに順番が回ってくるまで非常に長く待たなければならず，その間に障害物が現れたら回避行動が遅れてしまう。このような用途ではラウンドロビン方式と優先度だけでスケジューリングを行うことは無理がある。

このようなリアルタイム処理能力に重点を置いて作られた OS は**リアルタイム OS** と呼ばれ，ある決められた時間以内（通常，数 $10\,\mu$s〜数 10 ms）に，確実にプロセスが処理されることを保証している。Linux や Windows などはリアルタイム OS ではないが，スケジューラに手を加えることによってリアルタイム OS 化することもできる。

また，最近では 1 台のコンピュータに複数の CPU を搭載することも珍しくない。このようなシステムを**マルチプロセッサ**（multi-processor）と呼ぶ。マルチプロセッサにはいろいろな種類があるが，現在，最も多く使われているのは，各 CPU が主記憶やディスクを共有して，対等に OS やプロセスの処理を分担する，**対称型マルチプロセッサ**（SMP，symmetric multi processor）

方式である。SMPでは実行できるCPUが複数になるので，負荷の少ないCPUに優先的にプロセスを割り当てるなど，スケジューリングにも別の要素が加わる。

さらに，複数コンピュータを外部バスやネットワークで接続し協調動作させて，あたかも1台のコンピュータのように見せる**クラスタリング**（clustering）や安価なコンピュータを集めてスーパーコンピュータ並の処理能力を実現する**グリッドコンピューティング**，1台のコンピュータに障害が発生しても別のコンピュータが処理を継続できる仕組みなどが実現している。このようなシステムではスケジューリングはさらに複雑になっている。

9.1.2 ファイル管理

コンピュータはプログラムもデータも，ハードディスクなどの補助記憶装置に保存して，すべてファイルとして扱っている。たくさんのファイルを効率よく管理する必要があるから，ファイル管理もOSの重要な役割となる。

ハードディスクなどのどこになにのファイルがあるのか，そのファイルはどのくらいの容量で，いつ作成されたのかなど，ファイルを管理するためにはさまざまな情報が必要となる。これらの情報や管理方法を**ファイルシステム**（file system）と呼び，OSの種類によりいくつかの方式がある。

ファイルシステムでは**ディレクトリ**（directory）という概念が重要になる。ディレクトリはもともと名簿の意味で，ファイルシステムが管理するファイルの名前や格納場所などの情報を持っている名簿のようなものである。図**9.3**はLinuxでのディレクトリの例であり，/(root)から始まる**階層構造**になっている。各階層で複数のディレクトリ（図中の四角）を持つことができる。ディレクトリではファイルを名前によって管理しているが，ディレクトリが変われば，まったく同じ名前のファイルが存在していても構わない。/(root)を根として，このディレクトリを枝の節，末端のファイルを葉と見立てて，**木構造**とも呼ばれている（根と葉の位置関係が普通の木とは上下反対）。

図の/(root)ディレクトリではbin, etc, usr, homeという四つのディレ

140   9. ソフトウェア

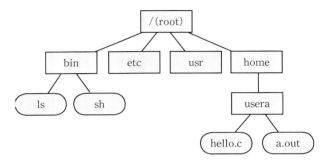

図 9.3 Linux の階層ディレクトリ構造

クトリを管理し，その home というディレクトリでは，さらに usera というディレクトリを管理している。usera のディレクトリでは hello.c と a.out という二つのファイルが管理されている。ここで，自分を管理しているディレクトリを親と呼び，自分が管理しているディレクトリやファイルを子と呼ぶ。例えば，この図で home は/(root) の子であり usera の親ということになる。

　ディレクトリという概念は，Linux や Windows，MacOS などいろいろな OS でほぼ共通した概念になっているが，細かな違いはある。Linux ではシステム全体で一つのディレクトリ構造となっているが，Windows では各**ドライブ**（ハードディスクなど）ごとにディレクトリ構造が存在する。

　ファイルシステムで管理しなければならないファイル情報は，その OS の利用環境によって変わってくる。例えば一時期に一人のユーザだけが利用する**シングルユーザ**の OS（例えば Windows）と複数のユーザが同時に利用する**マルチユーザ**の OS（例えば Linux）では，セキュリティに対する考え方を変える必要がある。マルチユーザの環境では，ほかのユーザが間違えて，もしくは，いたずらでファイルを誤操作できないようにファイルの所有権をはっきりさせ，保護する必要がある。Linux では各ユーザに対してユーザ名と所属するグループを与えて，すべてのファイルに所有者情報と**パーミッション**（permission：保護モード）を設定することが標準となっている。各ファイルに対して，ファイルの所有者，同一グループユーザ，その他のユーザに分けて，読込み，書込み，実行の 3 種類を許すか許さないか設定することができる。さら

に，最近のファイルシステムでは，アクセス制御リスト（access control list，ACL）と呼ばれるさらに複雑な設定が行える拡張が可能となっている。

実際のファイルシステムの概要を，図 *9.4* に示した Windows（MS-DOS）で使用されている **FAT**（file allocation table）で見てみることにする。

ハードディスクなどでは**セクタ**と呼ばれる最小単位で読み書きが行われているが，大容量化によってセクタの数が非常に多くなり，OS で管理するには細

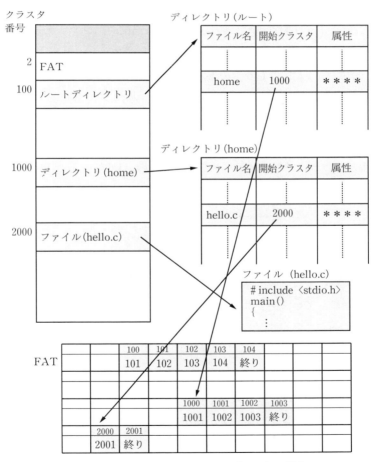

図 *9.4* ファイルシステム（FAT）の構造

かすぎるようになっている。そこで，OS ではセクタをいくつか集めた**クラスタ**（cluster）を単位として読み書きをしている。クラスタには管理のために通し番号が振られている。

例として，**ルートディレクトリ**の下に home というディレクトリがあり，その下に hello.c というファイルがあるとする。図は左上がディスクの中身でクラスタ順に並べている。また，内容を説明するため，右側にはディレクトリやファイルの中身を，下には FAT の内容を表示している。

まず，ルートディレクトリには home という名前のエントリがあり，開始クラスタは 1 000 番だということがわかる。FAT の各エントリはクラスタと 1 対 1 に対応していて，1 000 番のところの FAT を見ると，そこには 1 001 という情報が書かれている。これは，1 000 番から始まった home というディレクトリがまだ続いていて，続きは 1 001 だという情報である。1 001 番の FAT を見るとつぎの場所 1 002 番が書かれている。さらに芋づる式で追っていき，1 003 番で終わっていることがわかる。ここから，1 000 番から 1 003 番のクラスタに home のディレクトリ情報が格納されていることがわかる。

home のディレクトリには hello.c のエントリがあり，2 001 番のクラスタからだということがわかる。FAT の情報から 2 000，2 001 番のクラスタにある hello.c の内容を読み出すことができる。

この例では，ディレクトリやファイルは連続したクラスタに保存されているが，特に連続している必要はなく，不連続になった場合でも FAT のチェーンでたどってゆくことができる。

9.1.3 リソース管理

リソース（resource）とは**資源**という意味で，メモリやディスク，プリンタやキーボードなど，コンピュータが利用できるものすべてを指す。**マルチタスク**の OS では，複数のプロセスが同時に同じリソースにアクセスしようとしてリソースの取り合いを起こしてしまう可能性がある。そのため，図 **9.5** に示すように，各プロセスは直接リソースに対してアクセスせず，OS に入出力の

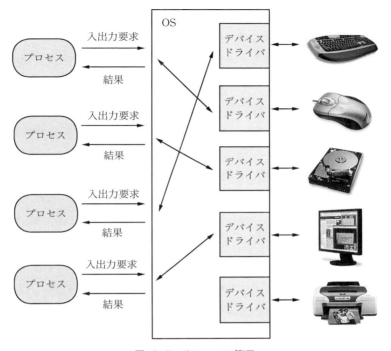

図 **9.5** リソースの管理

要求を出して，実際のアクセスは OS が行う．必要に応じてプロセスの要求を待たせたり，ほかのプロセスが使用中でも割込みをかけたりする．

9.2 アプリケーションソフトウェア

パソコン用アプリケーションソフトウェアの代表的なものを以下に示す．

〔1〕 **ワードプロセッサ**（word processor）　ワープロのことである．文書の編集，印刷機能を持つソフトで，文字の修飾やけい線の処理を行うこともできる．絵や表などを割り付けることも可能で，最も多用するソフトであろう．ページのレイアウトを細かく行えるようにして，印刷物の版下の作成を行えるようにしたソフトを，特に **DTP**（desktop publishing）と呼んでいる．

〔2〕 **表計算**（spread sheet）　画面上の 2 次元の表に，数値や数式など

を入力すると即座に集計計算やグラフ表示ができるソフトウェアである。シミュレーションを含め，事務処理一般に使用され，繰り返し行う一連の操作をまとめて登録しておき，必要なときに実行できる**マクロ機能**を持っている。

〔*3*〕 **お絵かきソフト**（painting soft, drawing soft）　マウスなどを使って絵を描くためのソフトである。扱う絵のデータ形式が小さな色の点の集まりの場合には **painting** といい，幾何学図形の集まりの場合には **drawing** という。写真などを取り込んで加工・修正する場合には painting を使うが，○や□などを組み合わせた図形は drawing のほうがデータ量が少なくて，かつ，拡大縮小してもギザギザが出ないという利点がある。製図の機能をもった CAD（computer aided design）や，3次元グラフィックスのものやアニメーション作成ソフトもある。

〔*4*〕 **プレゼンテーション**（presentation）　講演用の資料を作成するソフトである。以前はスライドや OHP を使用していたが，ノートパソコンとプロジェクタを組み合わせて，説得力のあるプレゼンテーションが行えるようになった。単に文字や図形だけではなく，必要に応じてアニメーションを使用したり，プログラムの起動もできる。

〔*5*〕 **電子メール**（electronic mail）　ネットワークに接続したコンピュータの間で，文字や絵，音声や映像などの情報をメールとしてやり取りすることのできるシステムである。電話や FAX などと同等のコミュニケーション手段になっていて，相手が不在でも送ることができる，受信者が手の空いたときに読んでもらうことができる，複数の相手に同じ情報を簡単に送信できる，送受信した記録を残せる，受信した内容を再利用できる，などの利点がある。

〔*6*〕 **ウェブブラウザ**（web browser）　WWW（world wide web），いわゆる**ホームページ**を閲覧するためのソフトである。インターネット上には無限に近い情報があふれているが，その情報を見る窓口になる。文字だけでなく絵や音声，映像など，**マルチメディア**に対応し，現在でも進化を続けている。

　アプリケーションソフトウェアは，パッケージで売られているソフトを購入するか，もしくは，ネットワークを経由してダウンロードして，パソコンのハ

ードディスクにインストールしてから使用するのが一般的であるが，高速なネットワークの普及に伴いソフトウェアの形態も変化する可能性がある．サービスを提供するサーバ上に各種のソフトがインストールされていて，ユーザはそのソフトをサーバ上で実行する．つまりCPUもメモリもすべてサーバ側を使用するのである．ユーザの使用しているパソコンはキーボードやマウスなどの入力装置とディスプレイなどの出力装置だけを使用することになり，高速なネットワークでサーバと一体になる．このようなシステムはクラウドサービスと呼ばれ，ユーザは使用したいソフトウェアを購入するのではなく，使用量に応じた利用金額を支払うことになるので，ほんの少し使うだけなのに高いソフト代金を支払う必要がなくなり，またあらゆるソフトの最新版が利用でき，バックアップなどパソコン上でのメンテナンスも不要になる．さらに，パソコンのハードウェアの進歩が速いのですぐに陳腐化するが，CPUなどはサーバ側が受け持つので，ハードウェアの寿命が長くなる．

　さらに，例えばスマートフォンで自然言語の音声認識を行う場合，非常に高度な処理が必要となるため，スマートフォンに内蔵されたCPUやメモリではとても実現できない．しかし，すべての処理をクラウドサービスで行えば，スマートフォンのCPU性能によらず実装することができる．このようなサービスもいろいろ始まっていて，知らないうちにすでに利用しているであろう．

演 習 問 題

【1】 ソフトウェアは大きく二つに分類することができる．なにとなにか．

【2】 OSが管理する項目を三つ挙げよ．

【3】 OSで，プロセスの管理方式に2種類ある．なにとなにか．

【4】 OSで，プロセスのスケジューリングを行う方式として，もっとも一般的な方式を説明せよ．

【5】 シングルユーザのOSとマルチユーザのOSでは，ファイルの管理で異なる点がある．それはなにか．

【6】 代表的なアプリケーションソフトを5種類挙げよ．

10

ネットワーク

　18〜19世紀にかけて人類は，産業革命による大量生産で資本主義を発展させ，社会そのものを変貌させた．20世紀にはコンピュータの発明により，産業革命以上の変化を経験することとなった．そして21世紀，インターネットという巨大なネットワークによって，人類は過去に経験したことのないような社会的な変化を迎えようとしている．この章では，このコンピュータネットワークについて取り上げることにする．

10.1 LANとインターネット

10.1.1 LAN

　LAN (local area network) とは，同じフロアや建物など，限られたエリア内にあるコンピュータどうしを接続したネットワークのことである．利用される技術は**インターネット**など広域のネットワークと同じであるが，隣のコンピュータとファイルをやりとりするなど，「共有」がキーワードとなる．**ファイルの共有，リソースの共有，情報の共有**など，LANによってさまざまな共有が実現されている．

　ファイルの共有とは，プログラムやデータを複数のコンピュータから利用できるようにする機能である．例えば会社で仕事上のファイルを共有したり，家庭内でスマートフォンで撮影した家族写真をパソコンで加工して印刷するような場合が考えられる．図 *10.1* のように専用の**ファイルサーバ**を設置する方法と，図 *10.2* のように個々のコンピュータで共有ファイルを公開する形態，**ピアツーピア**（peer to peer）で実現する方法がある．

図 **10.1** ファイルサーバを用いたファイル共有

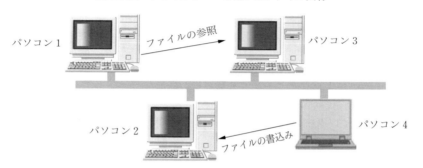

図 **10.2** ピアツーピア形態のファイル共有

　ファイルサーバは，クラウドサービスを利用するなどしてLANの外側に存在する場合もあるが，限られた利用者，パソコンなどでのみ使用するという利用形態は，LANの延長線上と考えることができる。

　リソースの共有は，コンピュータから見た資源（resource），例えばプリンタやイメージスキャナなどを共有する機能である。個々のコンピュータにプリンタを接続するよりも，ネットワーク接続の高速なレーザプリンタを共同利用したほうが初期費用やランニングコストも安く，また設置場所も節約できる。

　LANでの情報の共有は，インターネットでのホームページなどのように不特定な相手への情報発信ではなく，特定の組織，グループ内で**情報共有**を行う機能である。内部のという意味で**イントラネット**（intranet）と呼ばれ，図**10.3**に示す，スケジュール管理や文書管理，電子会議室などの機能が利用できる**グループウェア**（groupware）も利用されている。

148   10. ネットワーク

図 10.3 グループウェアの例

10.1.2 インターネット

　現在の社会には不可欠なインターネットであるが，インターネットを一言で言い表すのは非常に難しい。それは，インターネットにはさまざまな側面があり，また，つねに新しい技術が開発され，変化しているからである。これはかつての携帯電話の進化に似ている。最初，携帯電話は単なる電話の機能しかなかったが，メールができるようになり，写真を撮ったり，ゲームができたり，音楽を聴いたり，動画の配信も可能となり，最終的に電話機能を持つ情報端末という位置付けに進化していった。インターネットも同じで，新しい応用がつぎつぎと生まれ，その姿を変えている。

　インターネットの特徴を技術的な側面から考えると，**パケット交換方式**の通信を行うということと，**分散型**であるということを挙げることができる。

　パケットとはデータにあて先を付けた小包のようなものである。宅配便では入れ物の中に送りたい荷物を入れて，送り主，受取人などが記載された荷札を添付するが，パケットも同様で**図10.4**のようにデータに送り主や受取人（人ではなくコンピュータ）の記載された荷札に相当する**タグ**が付けられている。

10.1 LANとインターネット

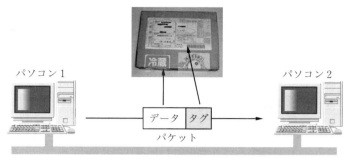

図 **10.4** パケット交換による通信

　宅配便の荷物はいろいろなところを中継され，その経路はいろいろであるが，どこを通ってきたかは問題ではなく，また，知る必要もない。大切なのは送り主が受取人の住所を指定すれば最終的に受取人の手元に届くということである。パケットでもまったく同様であり，受取人に届くまでにはいろいろなところを中継されるが，その経路は知る必要のないことである。

　また，宅配便ではたくさんの荷物は，何個口というふうに分割されるが，パケットでも同様に大きなデータは，いくつかのパケットに分割して送ることになる。分割されたパケットにはそれぞれタグが付加され，各パケットが独立してあて先に届けられるため，それぞれのパケットが別の経路を通って届く可能性もある。なお，途中で通信路に障害が発生していた場合には，その経路を避けて別経路が選択される。極端な例としては，核戦争などで通信網がズタズタになってしまっても，一つの経路が残っていれば，その経路を通って受取人のところまで届けることができるようになっている。

　またインターネットに接続すれば，インターネットに接続された世界中のすべてのコンピュータと対等にデータの交換ができるようになり，個人のパソコンでも大企業のサーバでも優劣の差はない。これが**分散型**という意味で，個人でも簡単に情報発信が可能となる現在のインターネットの基礎となっている。

10.1.3　インターネットの応用例

　〔**1**〕　**電子メール**（electronic mail）　　電子メールとは，ネットワークを

通じて交換する電子的な手紙である。普通の郵便と同様に，個人のあて名（**電子メールアドレス**）を指定して，相手にその文書を送ることができる。

図 **10**.5 は，電子メールが届く様子を示した図である。この例は，A さんが別の会社の B さんにメールを送る場合を想定している。まず，A さんは「パソコン 1」の**メールソフト**で B さんあてのメールを作成する。メールソフトとは，メールの送受信を行うためのソフトである。作成したメールは，あて先（To）として B さん個人の**メールアドレス**（例えば bsan@betsuno.co.jp）を指定し，送り主（From）の項目には，A さん個人のメールアドレス（例えば asan@kochirano.co.jp）を付ける。また，題目（Subject）にこのメールの題目を付け，完成したメールは送信ボタンを押すことで送信される。

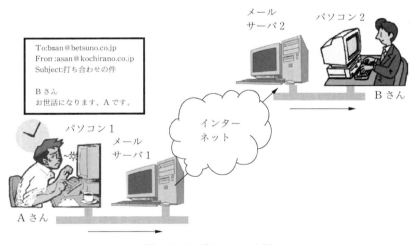

図 **10**.5　電子メールの例

「パソコン 1」のメールソフトでは，A さんの会社のメールを扱うサーバである「メールサーバ 1」が設定されていた。したがって，A さんが送信ボタンを押すと，作成したメールは「パソコン 1」から「メールサーバ 1」に転送される。

「メールサーバ 1」ではメールのあて先の解析を行う。To：の項目から，bsan@betsuno.co.jp というメールアドレスを切り出し，betsuno.co.jp という

組織（ドメイン）の bsan というユーザにメールを送ればよいことがわかる。「メールサーバ1」は betsuno.co.jp という組織を調べ，その組織のメールサーバが「メールサーバ2」であることを知り，インターネットを通じて「メールサーバ2」と通信を行い，「パソコン1」から送られてきたメールを転送する。

「メールサーバ2」では，送られてきたメールのあて先から，このメールが bsan というユーザあてのメールだということを解析する。「メールサーバ2」には bsan というユーザが登録されているので，bsan の**メールボックス**（郵便箱）にこのメールを保管する。

Bさんの「パソコン2」では一定周期（例えば5分に1回）でメールの到着を確認する設定になっていた。そのタイミングで，「パソコン2」は「メールサーバ2」に対して，bsan というユーザあてのメールが届いていないかの確認を行い，メールボックスに届いていることが知らされる。メールソフトは，「メールサーバ2」からメールを受け取り，Bさんに新しいメールの到着を知らせる。Bさんは，届いたメールを開き，無事にAさんからのメールを読むことができた。

メールはいつ送られてくるかわからず，パソコンでは365日，24時間つねにメールの受信が行えるように待機しているのが難しい。そのため，必ずメールサーバを利用することになる。また，電子メールは携帯・スマートフォン等でも利用されているが，この場合は一定周期でメールの到着を確認しなくとも，瞬時にサーバから配信されるプッシュ配信が利用されることが多い。

電子メールは郵便物に比べ非常に速く届き，電話のように相手の都合に合わせる必要がなく，また，既読情報が送信者に伝わらないため自分の好きな時間に内容を見て返事を書くことができるといった，郵便物，FAX，電話，SNSなどにはない特徴がある。しかし，素早い返信を求めたり，チャット的に利用し自分の意志で終えることができないような雰囲気を作ってしまうと辛い思いをすることもあるので，注意が必要である。通常は1対1でやり取りを私信で行うが，同報機能や**メーリングリスト**により複数の相手に同時にメールを送ることも可能である。この機能を活用して**メールマガジン**の発行も盛んに行われ

ている。内容的には文字ベースが基本であるが，音声や画像，動画などを送ることもでき，マルチメディア化も進んでいる。

〔**2**〕 **WWW**（world wide web）　インターネットでのマルチメディア対応の情報提供システムの一つで，単に**ウェブ**（web）と呼ばれることもある。

図 **10.6** はウェブブラウザで**ウェブコンテンツ**（ホームページ）を閲覧した例である。パソコンのウェブブラウザで見たいホームページのアドレス（例えば，http://www.w3.org/）を直接入力するか，検索サイトで検索し，その結果のリンクをクリックすると，パソコンはインターネット経由でそのホームページを提供しているウェブサーバにリクエストを送信する。

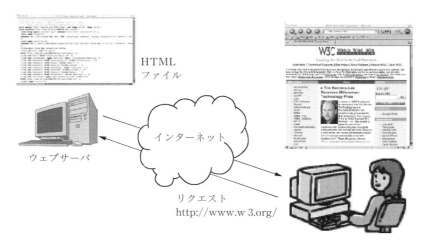

図 **10.6**　ホームページの閲覧の例

リクエストを受け取ったサーバは，**トップページ**のデータを送り返すが，その内容は，**HTML**（hypertext markup language）と呼ばれる言語を使用して作成されたファイルである。この HTML ファイルは，パソコンのウェブブラウザで書式が整えられて表示される。ウェブブラウザは，文字はもちろんのこと，静止画像や音声，動画像など，あらゆるデータを扱うことが可能である。また，ウェブブラウザ上でゲームや各種のアプリケーションを実行することも可能となり，単なる電子紙芝居からよりインタラクティブな環境へと進化

している。

〔3〕 **ソーシャルネットワーキングサービス**（social networking service, SNS） 登録した会員の相互コミュニケーションをサポートするサービスから端を発しているが，当初のウェブブラウザを想定したサービスからスマートフォンのアプリを想定したサービスが加わったり，公式な情報発信や音声・ビデオによる通話などの新たな機能が追加されるなど，その範囲は徐々に広がりをみせている。

企業や政府機関などの法人を対象とした利用も進んでおり，電子メールやウェブと並ぶ，非常に重要なインターネット応用例の一つになっている。おもなSNSとしては，Facebook，Google+，Instagram，LINE，mixi，Pinterest，Twitterなどが挙げられ，新たなサービスもつぎつぎに登場している。

〔4〕 **ストリーミング**（streaming） サーバにある音楽データや動画データをネットワーク経由で配信し，パソコンやスマートフォンにデータが保存されていなくとも再生することを可能にする技術である。事前に用意されたデータだけでになく，リアルタイムで音声や動画を配信することが可能となり，インターネット上でラジオ局やTV局を開局することもできる。ストリーミング技術は，ストリーミング対応のデータを作成（エンコード）する**エンコーダ**，配信を行う**配信サーバ**，受信し再生を行う**プレーヤ**の3点で構成されるが，パソコンやスマートフォンの性能の向上，インターネット接続の広帯域化等によって，個人でも比較的簡単に配信を行えるようになっている。

10.2 TCP/IP

LANやインターネットの世界では，TCP/IP（transmission control protocol/internet protocol）やIP（internet protocol）という言葉をよく耳にする。これらは**プロトコル**と呼ばれ，コンピュータどうしが通信を行うための手順を定めた規約で，世界中のさまざまなコンピュータが接続されているインターネットでは，特に重要な規約になっている。インターネットという言葉は，

ある意味，非常にあいまいで，その実体がよくわからなかったり，時代とともに変化し続けているが，このTCP/IPで接続されているということが基本になっている。

10.2.1 IPアドレス

郵便や宅配便などではあて先や差出人として住所と名前が使用されるが，LANやインターネットなど，TCP/IPを用いた通信で使用されるあて先や差出人にはIPアドレスが使用される。IPアドレスはTCP/IPを使用したネットワーク（**IPネットワーク**）における住所（アドレス）で，各コンピュータごとに異なるアドレスが割り振られている。

現在，おもに使用されているIPアドレスはIPバージョン4（**IPv4**）という規格で，32ビットの数値が使用されている。IPアドレスの長さが128ビットに拡張されたIPバージョン6（**IPv6**）という規格の利用も進んでいるが，まだIPv4がおもに使用され，基礎的な技術はすべてIPv4を元にしている。そのためここでの説明はIPv4に限定することにする。

IPアドレスは32ビット，すなわち32桁の2進数が使用されているが，非常に桁数が多いため，一般的には以下のように8桁ずつに区切って扱う。

  10101100 00010000 00000000 00000001

8桁の2進数は**オクテット**と呼ばれ，32ビットは4オクテットになる。しかし，1と0との羅列では見にくいので各オクテットを10進数で表現し，「.」でつないで書き表す**ドット記法**（dotted decimal notation）が用いられる。上記のアドレスは，ドット記法では以下のように表現される。

  172.16.0.1

図**10.7**に示すように，IPアドレスは**ネットワーク部**と**ホスト部**からなっている。ネットワーク部とは，そのコンピュータが接続されているネットワー

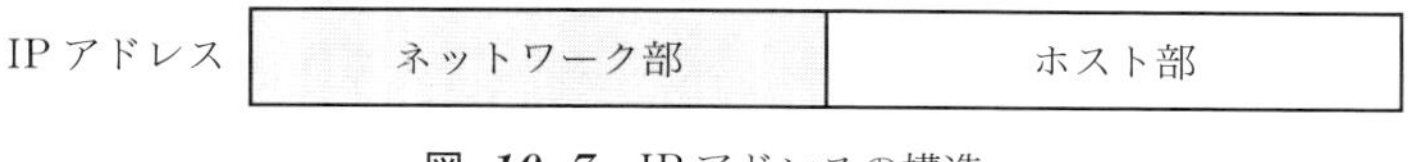

IPアドレス	ネットワーク部	ホスト部

図 *10.7* IPアドレスの構造

ク（組織）を識別する役割を持ち，ホスト部は，そのネットワークの中での各コンピュータを識別する役割を持っている。32 ビットの IP アドレスのうち，ネットワーク部は前半，ホスト部は後半に位置するが，どこで分けるかは，**アドレスクラス**によって異なる。アドレスクラスとは，そのネットワークがどの程度の規模かを示す概念であり，おもなアドレスクラスとして，**クラス A，クラス B，クラス C** の三つがある。

図 *10*.*8* にクラス別の IP アドレスの構造を示す。IP アドレスの最初の数 bit によりアドレスクラスを判断できるようになっている。

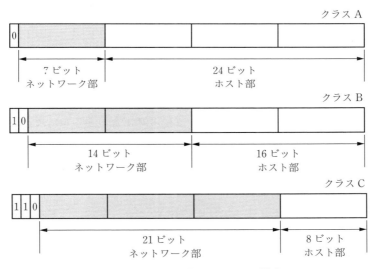

図 *10*.*8* クラス別 IP アドレスの構造

〔*1*〕 **クラス A**　　IP アドレスの最初の 1 ビットが 0 なら，クラス A のネットワークアドレスで，第 1 ビットはクラスの識別に使用するので，つぎの 7 ビットがネットワークを，残りの 24 ビットがホストを示す。クラス A では，ネットワーク（組織）の数は 7 ビット，すなわち 127 で，1 ネットワーク当りのホストの数は 24 ビット，すなわち約 1 700 万台になる。

〔*2*〕 **クラス B**　　IP アドレスの最初の 2 ビットが 10 なら，クラス B のネットワークアドレスで，最初の 2 ビットはクラスの識別に使用するので，

つぎの 14 ビットがネットワークを，残りの 16 ビットがホストを示す。クラス B では，ネットワーク（組織）の数は 14 ビット，すなわち 16 384 で，1 ネットワーク当りのホストの数は 16 ビット，すなわち約 6 万 5 千台になる。

〔**3**〕 **クラス C**　IP アドレスの最初の 3 ビットが 110 なら，クラス C のネットワークアドレスで，最初の 3 ビットはクラスの識別に使用するので，つぎの 21 ビットがネットワークを，残りの 8 ビットがホストを示す。クラス C では，ネットワーク（組織）の数は 21 ビット，すなわち約 210 万で，1 ネットワーク当りのホストの数は 8 ビット，すなわち 256 台になる（利用できないアドレスがあるため，正確には 254 台）。

10.2.2　ネットマスクとサブネットマスク

IP アドレスのネットワーク部とホスト部を明示するために，**ネットマスク** (netmask) が使用される。ネットマスクは，ネットワーク部を 1，ホスト部を 0 とした値で，例えば，クラス B の 172.16.0.1 というアドレスでは，ネットワーク部が 16 ビット，ホスト部が 16 ビットであるから，ネットマスクは以下のようになる。

　　　11111111 11111111 00000000 00000000

ネットマスクも 2 進数のままでは見にくいので，一般的には**ドット記法**により，以下のように表される。

　　　255.255.0.0

また，ネットマスクの 1 から 0 への切り替わり位置（頭からのビット数）を IP アドレスの後にスラッシュ（/）を付けて表す場合もある。

　　　172.16.0.1/16

ネットワークの効率的な運用のため，一つのネットワークを複数に分割することがある。例えば，172.16.0.0〜172.16.255.255 という約 65 000 台のホストからなるクラス B の一つのネットワークを 254 台のホストからなるネットワークに 256 分割して扱うことにする。このように一つのネットワークを複数に分割することを**サブネット化**（subnetting）と呼び，そのときに使用するネ

ットマスクのことを特に**サブネットマスク**（subnet mask）と呼ぶ．この例では，サブネットマスクは255.255.255.0，もしくは172.16.0.0/24などとなる．

IPアドレスのクラスは最初の数ビットで判断でき，クラスによってネットマスクが決まるが，サブネット化されている場合にはサブネットマスクはIPアドレスからは一意に判断することができない．そのネットワークがサブネット化しているかどうかの判断はできないため，サブネット化の有無にかかわらず，ネットワーク情報としてサブネットマスクを付加するのが一般的である（サブネット化していない場合にはサブネットマスクはネットマスクと同じ）．

10.2.3 IPアドレスの問題点

TCP/IPの設計を行った当初は，今日のようにインターネットが世界的な規模で広がるとはだれも予想ができなかった．

図 10.9 にインターネット上のホスト数の推移のグラフを示す．このグラフからもいかに急激に増加していったかがわかるであろう．当初は32ビットのアドレス空間は非常に大きく，アドレスが不足することなど考えもしなかった．しかし，インターネットの普及でアドレスが枯渇し，クラス分けによる**アドレスの無駄遣い**解消のため，割り振られたアドレスの返還と分割しての再割当ても行われている．

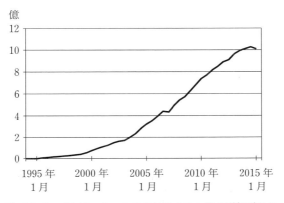

図 10.9　インターネットにおけるホスト数の増加グラフ

クラス分けによるアドレスの無駄遣いとは，クラス A など，1 ネットワークに割り当てられたホスト数が多い場合に割り当てられたホスト数が使い切れず余っても，ほかのネットワークでは使用できないという問題である。例えば，クラス A は最大 127 のネットワーク（組織）にしか割り振ることができない。ネットワークとは企業や学校，政府機関などの LAN を指すが，世界中でたった 127 しかない。クラス A では最大 1 700 万台のホストを割り振ることができるが，どんなに大きな組織でも 1 700 万台のコンピュータがあるとは思えない。したがって，大部分のアドレスが未使用のまま無駄になる。ちなみにクラス A に割り振られたアドレスの総数は全 IP アドレスの半分を占めている。

IP アドレスの不足問題の根本解決には，IPv 6 への移行が必須である。IPv 6 ではアドレスが 32 ビットから 128 ビットに拡張され，利用できるアドレスの総数は劇的に増加する。128 ビットがどれほど多くのアドレスを表現できるかを示すため，紙にアドレスを書いた場合を考えてみよう。紙の両面に 100 個ずつのアドレスを書いて積み重ねたとする。紙の厚さが 0.1 mm だと仮定すると，その高さはじつに 2×10^{16} 光年に達する。ちなみに，現在，最も遠くを観察できるハッブル望遠鏡ですら，観察できる最も遠い宇宙は 2×10^{13} 光年である。

10.2.4 IP アドレスのクラスレス化（VLSM と CIDR）

IPv 6 へ完全に移行するためには，インターネット上のすべてのネットワーク機器，コンピュータ，OS，プログラムなどが IPv 6 に対応する必要があり，完全に移行するにはまだ時間が必要である。そこで，それまでのつなぎとして，クラス A やクラス B が割り振られていた組織から IP アドレスを返却してもらい，より細かな単位に分割して再利用が行われている。

一つのクラスのアドレスを複数に分割するために**サブネット化**を行うが，一般的なサブネット化の仕様では均等な分割しかできなかった。つまり，大きいサブネットを一つと小さいサブネットを二つといった分割ができず，組織の規

模に応じた理想的な分割ができなかったのである。そこで，**VLSM**（variable length subnet mask）というサブネット化の仕様を拡張する**可変長サブネットマスク**技術を導入し，自由で効率的なサブネット化を行い，返却されたクラスAなどのネットワークを，さまざまな規模の，多くの組織が再利用している。

インターネット（IPネットワーク）では，後で解説する**ルータ**と呼ばれる機器を使用し，IPアドレスの情報だけで目的地までパケットを届けている。ルータでは正しくパケットの配送を行うため，各ネットワークアドレス（組織）ごとに，どのような経路で接続されているかを表す**ルーティング情報**を管理している。しかし，前述の可変長サブネットマスクによる小さなクラスの乱立で，このルーティング情報が爆発的に増えるという新たな問題が発生した。そこで，ルーティング情報を減らす工夫として，連続したIPアドレスのネットワークを集めて一つの大きなネットワークとして（**スーパーネット化**）ルーティング情報を管理している。これを**CIDR**（classless inter-domain routing）と呼んでいる。

10.2.5 IPアドレスの管理

IPアドレスは**IPネットワーク**（インターネット）で個々のコンピュータを識別する唯一の情報で，その管理は非常に重要である。複数のコンピュータに同じIPアドレスを割り振らないようにする必要があるが，勝手気ままに設定してしまったのでは，必ずアドレスの重なりが出てしまう。そこで，IPアドレスはICANN（Internet Corporation for Assigned Names and Numbers，アイキャン）という組織が管理を行い，国際的な**IPアドレスの一意性**を確保している。世界規模の管理を1か所で行うことは困難なため，世界を5分割して，それぞれの管轄地域を地域インターネットレジストリ（Regional Internet Registry：略称RIR）と呼ばれる組織が管理している。

1) ARIN（American Registry for Internet Numbers）北アメリカ
2) RIPE NCC（RIPE Network Coordination Centre）ヨーロッパ，中東，中央アジア

3) APNIC（Asia-Pacific Network Information Centre）アジア太平洋地域
4) LACNIC（Latin American and Caribbean Internet Address Registry）ラテンアメリカ，カリブ海地域
5) AfriNIC（African Network Information Centre）アフリカ

また，RIR の下部組織として国単位の NIC もあり，日本では **JPNIC** が国内の管理を行っている。さらに，**ISP**（Internet Service Provider）に実際の IP アドレスの割り当て業務が委託されているので，一般の利用者は契約したプロバイダから IP アドレスを割り当てられることになる。

IPv4 アドレスでは，2011 年に最上位の ICANN の管理するアドレス在庫が枯渇し，2014 年までに AfriNIC を除くすべての RIR でも在庫が枯渇した。ISP の管理する流通在庫のみで非常に厳しい状況になったため，休眠中の IP アドレスの有効活用を目的とした IP アドレス移転制度も検討されている。歴史的な経緯から多くの休眠中 IP アドレスを保有していると考えられる ARIN からの移転も期待されているが，各地域の利害が絡み容易ではない。

また，古くからインターネットを利用している組織では，商用のプロバイダが普及する前に直接 NIC から割り当てられた IP アドレスを保有している場合がある。これは歴史的経緯を持つプロバイダ非依存アドレス（歴史的 PI アドレス）と呼ばれ，一部 IP アドレスの利用効率が悪かったり，適切な管理が行われていない場合もある。そこで，この歴史的 PI アドレスに対しても返還要請や課金の動きがある。

10.2.6　プライベート IP アドレス

インターネットで使用する IP アドレスは，ICANN の元に管理運営されているが，企業内 LAN や学内 LAN，家庭内 LAN など，直接インターネットに接続する必要がない場合には，わざわざ IP アドレスの取得申請を行う必要はない。あらかじめ，このようなプライベートな LAN 用に割り当てられている IP アドレスがあり，これを**プライベート IP アドレス**と呼んでいる。また，プライベート IP アドレスに対して，インターネット上で一意性が保証されて

いるアドレスを**グローバル IP アドレス**と呼ぶ。

プライベート IP アドレスとして確保されているのは，以下の範囲である。

  10.0.0.0/8   10.0.0.0 ～ 10.255.255.255
  172.16.0.0/12   172.16.0.0 ～ 172.31.255.255
  192.168.0.0/16 192.168.0.0 ～ 192.168.255.255

プライベート IP アドレスは申請なしに自由に使うことができるが，このアドレスを含むパケットは，けっしてインターネット上に流してはいけない決まりになっている。プライベート IP アドレスを設定したパソコンは，外部ネットワークに接続している**ルータ**などによってグローバル IP アドレスに変換してから外部へ出ていくことになる。

10.2.7 OSI 参照モデル

TCP/IP をはじめとするデータ通信を理解するには，OSI (open systems interconnection) 参照モデルの概要とそこで使用される **OSI 用語**が重要である。OSI 参照モデルとは，ISO（国際標準化機構）が発表した**開放型相互接続参照モデル**のことで，メーカや機種，OS 等によらず，自由に通信できるシステムを目指して定義したものである。TCP/IP とこの OSI 参照モデルは完全に一致するものではないが，データ通信の世界では，この概念・用語が広く使用されていて，OSI 参照モデル抜きでは TCP/IP は語れなくなっている。

OSI 参照モデルでは，データ通信の実現に必要となる諸機能を整理し，七つの**レイヤ**（層）を定義している。下位（数字の小さい）レイヤが上位（数字の大きい）レイヤに対してサービスを提供する形になっていて，各レイヤの独立性を高め，あるレイヤを変えてもほかのレイヤには影響が出ないようにしている。

表 10.1 に OSI 参照モデルの各レイヤ名とおもな機能を示す。TCP/IP では，IP がネットワークレイヤ，TCP がトランスポートレイヤに当たるが，レイヤとプロトコルが 1 対 1 で対応しているわけではなく，いくつかのプロトコルで一つのレイヤを構成する場合もある。

表 **10.1** OSI 参照モデル

第7層	アプリケーションレイヤ (application) アプリケーションレベルでの通信プロトコル。 (例) 電子メール，FTP
第6層	プレゼンテーションレイヤ (presentation) やり取りするデータの表現方法を標準化するプロトコル。 (例) エンディアン (バイトオーダ)，文字コード変換,データ圧縮,暗号化
第5層	セッションレイヤ (session) セッション (通信開始から終了までの一連の手順) のプロトコル。 (例) X-Window システム
第4層	トランスポートレイヤ (transport) プロセス間でのデータ転送についてのプロトコル。 (例) TCP，UDP
第3層	ネットワークレイヤ (network) 一つまたは複数のネットワークを経由して接続された任意の2ノード間でのデータの転送のプロトコル。 (例) IP
第2層	データリンクレイヤ (data link) データのパケット化の方法と送受信プロトコルに関する規定。 (例) イーサネット
第1層	物理レイヤ (physical) 電圧レベルやインタフェースのピン数・配置など，電気的・物理的な規約。 (例) 光ファイバ，電話回線

一例として図 10.10 に示すように電子メールを扱うプログラムを考える。メールプログラムが第7層のアプリケーションレイヤの規定に従って作られていれば，下位のレイヤのことを気にしなくてよい。インターネットへの接続に

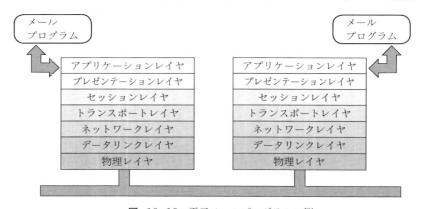

図 **10.10** 電子メールプログラムの例

は，学内・企業内 LAN を通じて接続している場合や，無線や ADSL 回線を通じて接続する場合などがあるが，その違いは第1層の物理レイヤや第2層のデータリンクレイヤで吸収している。電子メールを送る相手が海外など遠くだった場合，どのような経路でパケットを届けたらよいか悩みそうだが，第3層のネットワークレイヤがすべて引き受けてくれる。さらに，もし途中でなんらかの障害があってパケットの一部が壊れてしまっても，第4層のトランスポートレイヤが再送要求などを行って，データの品質保証をしてくれる。このように，各レイヤがその役割を果たしてくれるので，電子メールを扱うプログラムはアプリケーションレイヤの規定に従っていればよく，たとえ途中からモデムが光ファイバに変わったとしても問題なく動作することが保証される。

10.2.8 IP の詳細

IP は TCP/IP の心臓部であり，インターネットの最も重要なプロトコルである。IP では，以下の定義が行われている。

1) データグラムの定義
2) インターネットのアドレスの定義
3) 経路制御
4) データグラムの分割と再組立て

データグラムとは，IP で定義される可変長のパケットで，図 **10.11** に示すように，配送に必要となる情報（IP ヘッダ）を付加したデータのまとまりである。IP ヘッダは図 **10.12** のようにデータグラムの先頭にあり，32 ビットを1ワードとして6ワードからなる。IP ネットワークでは，この**ヘッダ情報**だけを頼りにパケットを目的地まで届けている。

インターネットのアドレスとは IP アドレスのことであり，**経路制御**とは，始点から終点までパケットを配送するための道筋を決定することである。インターネットでは，ネットワークは網の目のように張り巡らされて始点から終点まで直接つながっているとは限らず，何か所かを経由する場合もある。また，その道筋は一つだけとは限らない。IP では，個々のパケットごとにこの経路

| IPヘッダ | IPデータ |

図 **10.11** データグラム（IPパケット）

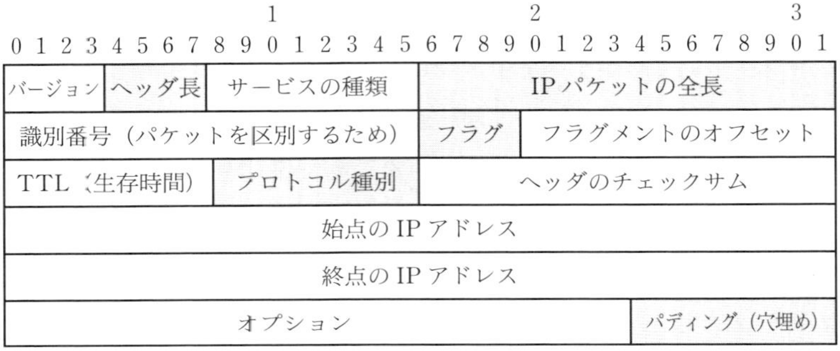

```
                    1                   2                   3
0 1 2 3 4 5 6 7 8 9 0 1 2 3 4 5 6 7 8 9 0 1 2 3 4 5 6 7 8 9 0 1
```

バージョン	ヘッダ長	サービスの種類	IPパケットの全長	
識別番号（パケットを区別するため）			フラグ	フラグメントのオフセット
TTL（生存時間）		プロトコル種別	ヘッダのチェックサム	
始点のIPアドレス					
終点のIPアドレス					
オプション				パディング（穴埋め）	

図 **10.12** IPヘッダの形式

を決定しているが，詳しくは後述のルータで説明することにする．

　また，データグラムの**分割と再組立て**であるが，異なる種類のネットワークを通してパケットが転送される場合にデータグラムをさらに小さく分割しなければならない場合がある．例えば，イーサネットからモデムを使用して電話回線で転送するような場合に発生する．各ネットワークにはそれぞれ転送できるパケットの最大値が決まっていて，これを **MTU**（maximum transmission unit）という．経路の途中でこのMTUがデータグラムの長さより小さかった場合，分割して長さをMTU以下にする必要がある．分割したデータグラムは**フラグメント**と呼び，各フラグメントにはIPヘッダが付加される．IPヘッダの第2ワードにある**識別番号**がそのフラグメントが属するデータグラムを示し，**オフセット**はこのフラグメントがデータグラムのどの場所かを示す．この情報を元に，分割されたデータグラムを再組立てすることができる．なお，データグラムの分割と再組立てにより効率が低下し，ネットワークの転送速度が遅くなる場合がある．途中で分割されることがわかっている場合には，送出しの長さを経路中で最も小さなMTUに合わせることにより，効率を改善できる場合がある．

10.2.9 TCP と UDP

IP は**コネクションレス**のプロトコルである。**コネクション**とは始点と終点でデータの転送に先立って行う制御情報のやり取りのことで，コネクションレスとはいきなりデータを送ることである。受ける側に事前の準備が必要な場合には上位のレイヤに依存することになる。また，IP はエラーの検出とエラーの回復を行うことができない。そのため，IP は信頼性のないプロトコルと呼ばれることもあるが，実際には上位のレイヤで**エラー検出**と**エラー回復**を行うことができるため，非常に信頼性の高いデータ転送を実現することができる。

信頼性のあるデータ転送を必要とする場合には，トランスポートレイヤの TCP (transmission control protocol) が使用される。TCP ではデータの転送に先立ってコネクションを張り，準備が整ってからデータの転送を開始する。また，信頼性確保のために **PAR** (Positive Acknowledgement with Retransmission) と呼ばれる機構を使用する。PAR では，受信側でデータをチェックサムを使用して検証し，壊れていなければ**肯定確認応答**（positive acknowledgement）を送信側に返す。もし壊れていたなら，受信側はそれを除去する。ある一定時間が過ぎても，この肯定確認応答が返ってこない場合，送信側は再送を行う。このような機構によって信頼性を確保している。

なお，TCP でのデータ転送の単位は IP でのデータグラムではなく **TCP セグメント**と呼ぶ。TCP セグメントには**図 10.13** のようにヘッダが付加される。このヘッダは IP ヘッダとは別のもので，**図 10.14** に示すような情報が含まれている。ヘッダを含めた TCP セグメントは下位のレイヤであるネットワークレイヤに渡されると，それが IP パケットの IP データとなる。IP で終点までデータが転送されると，不要になった IP ヘッダが取り除かれ，上位レイヤである TCP に渡される。そのデータは TCP セグメントであり，TCP で必要となる TCP ヘッダと TCP データが含まれている。

TCP での始点と終点は**ポート番号**である。ポート番号とはプログラム，または上位のレイヤに対してデータの受け渡しを行うための番号で，例えば，Telnet は 23 番，ウェブは 80 番などが使われている。また，TCP で送信する

166　　*10. ネットワーク*

```
| TCPヘッダ | TCPデータ |
```

図 **10.13**　TCPセグメント

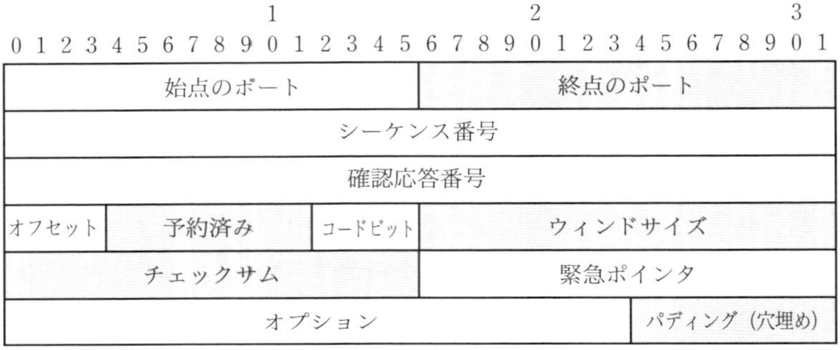

```
                    1                   2                   3
0 1 2 3 4 5 6 7 8 9 0 1 2 3 4 5 6 7 8 9 0 1 2 3 4 5 6 7 8 9 0 1
```

始点のポート	終点のポート
シーケンス番号	
確認応答番号	

オフセット	予約済み	コードビット	ウィンドサイズ
チェックサム			緊急ポインタ
オプション			パディング（穴埋め）

図 **10.14**　TCPヘッダの形式

データは独立したパケットとは見ずに，連続したデータである**ストリーム**と見なす。TCPセグメントのヘッダにある**シーケンス番号**は，この送受信の順序を保持するために使用される。

　TCPによらず，より上位のレイヤで独自の技法によって信頼性のあるデータ転送を行う場合もある。その場合にはTCPのような処理を行うと二重に処理を行って効率が悪くなる。また，データの総量が小さい場合にはTCPによる信頼性を確保するより全データを再送信したほうが早い場合もある。そのような場合には**UDP**（user datagram protocol）を使用する。UDPは**コネクションレス**のプロトコルで，信頼性の確保は行わず最小のオーバヘッドでトランスポートレイヤのデータ転送を行うことができる。UDPでのデータ転送の単位は**UDPメッセージ**と呼び，図**10.15**のようにヘッダが付加される。

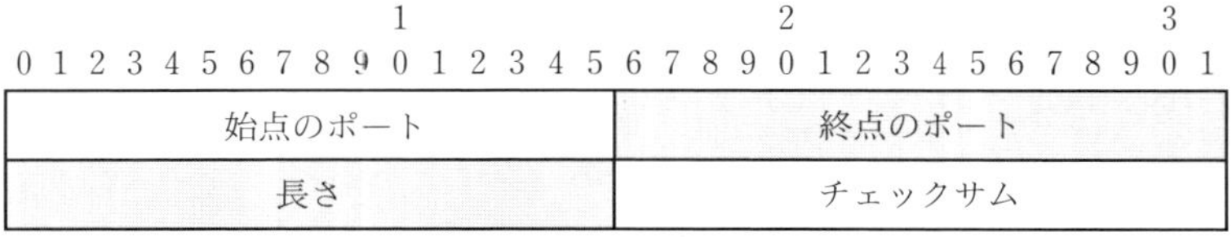

```
                    1                   2                   3
0 1 2 3 4 5 6 7 8 9 0 1 2 3 4 5 6 7 8 9 0 1 2 3 4 5 6 7 8 9 0 1
```

始点のポート	終点のポート
長さ	チェックサム

図 **10.15**　UDPヘッダの形式

図 **10.16** は電子メールを送った場合を例に，TCP，IP 各プロトコルでの役割とパケットの受渡しの様子を示した図である．TCP/IP では，OSI 参照モデルの 7 層よりも少ない 4 層のレイヤで構成されていると考えられている．

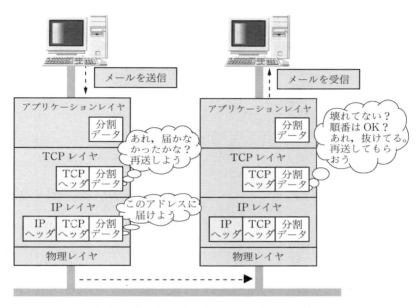

図 **10.16** パケットの受渡し（電子メールの例）

10.3 イーサネット

現在，企業内 LAN や学内 LAN ではほとんど**イーサネット**（ethernet）が使用されている．1980 年に XEROX，DEC，Intel の 3 社が共同開発した段階では，同軸ケーブルを使い，伝送速度 10 Mbps の一つの種類しかなかったが，その後に同軸ケーブル以外の媒体や，より高速な伝送速度のイーサネットが考案されている．

10.3.1 イーサネットの規格

現在は，IEEE により **IEEE 802.3** として規格化され，代表的なイーサネッ

トとしては，**表 10.2** に示すような規格がある．イーサネットの各規格の名前の付け方は，最初に**伝送速度**の数値（単位は Mbps），つぎに**伝送方式**，そして**伝送距離**，もしくは**伝送媒体**となっている．例えば，10 BASE 5 は伝送速度が 10 Mbps，伝送方式がベースバンド方式（信号を変調せずに伝送する方式），伝送距離が最大 500 m となり，1 000 BASE-LX では伝送速度が 1 Gbps，伝送方式がベースバンド方式，伝送媒体が光ファイバとなる．

表 **10.2** 代表的なイーサネットの規格

名　称	使用ケーブル	伝送速度	最大伝送距離
10 BASE 5	1/2 インチ同軸	10 Mbps	500 m
10 BASE 2	1/4 インチ同軸	10 Mbps	185 m
10 BASE-T	UTP（カテゴリ 3 以上）	10 Mbps	100 m
100 BASE-TX	UTP（カテゴリ 5 以上）	100 Mbps	100 m
100 BASE-FX	光ファイバ	100 Mbps	MMF 2 km，SMF 20 km
1 000 BASE-T	UTP（カテゴリ 5 以上）	1 000 Mbps	100 m
1 000 BASE-LX	光ファイバ	1 000 Mbps	MMF 500 m，SMF 50 km
10 G BASE-T	UTP（カテゴリ 6 以上）	10 G Mbps	100 m
10 G BASE-SR	光ファイバ（MMF）	10 G Mbps	26〜82 m，新型 300 m
10 G BASE-LR	光ファイバ（SMF）	10 G Mbps	10 km

10 BASE 5 と 10 BASE 2 はテレビなどのアンテナ線と同様な同軸ケーブルを使用したバス型接続の方式である．電力系のケーブルと間違わないように明るい色と規定され，よく黄色いケーブルが使用されたので，俗称として**イエローケーブル**とも呼ばれていた．

10 BASE-T は **UTP**（unshielded twisted pair）ケーブル，すなわちシールドされていない**ツイストペア線**を使用し，**図 10.17** に示すようなハブもしくは，スイッチという集線装置を使用する**スター型**の方式である．**図 10.18** に示す **RJ-45** と呼ばれる電話のモジュラコンセントを一回り大きくしたようなコネクタを使用して，非常に簡単にネットワークを構築できるのが特徴である．使用するケーブルにはその品質によって**カテゴリ**が定められていて，カテゴリは数値が上がるほど高品質になり，10 BASE-T ではカテゴリ 3 以上のケーブルを使用することと規定されている．コネクタには 8 つのピンがあるが，

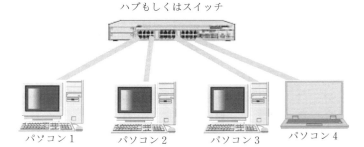

図 **10.17** スター型接続

図 **10.18** UTP ケーブルと RJ-45 コネクタ

このうち 2 対 4 線しか使用していない。

100 BASE-TX はより高品位なカテゴリー 5 以上の UTP を使用して 100 Mbps の伝送速度を実現した規格で，**ファーストイーサネット** とも呼ばれている。100 BASE-TX 以上ではケーブルは 4 対 8 線を使用している。

1 000 BASE-T はカテゴリ 5 以上の UTP を使用して 1 Gbps を実現した規格で，**ギガビットイーサネット**（GbE）とも呼ばれている。規定ではカテゴリ 5 以上とされているが，より品質の高いカテゴリ 5 e やカテゴリ 6 が使用されることが多いようである。

10 GBASE-T はカテゴリ 6 以上の UTP で 10 Gbps を実現した規格であり，10 GbE（10 ギガビットイーサネット）とも呼ばれる。

100 BASE-FX は光ケーブルにより 100 Mbps を実現した規格である。光ファイバには MMF（multi mode fiber），SMF（single mode fiber）と呼ばれる 2 種類の規格がある。MMF はコア径が比較的大きく（50〜62.5 μm）光の分散が大きく長距離伝送には向かないが，価格は比較的安価であるためおもに構内用に使用されている。SMF はコアが極細径であり（9.2 μm），光信号の

伝播を一つのモードにすることで減衰を極力抑えた,長距離・高速伝送に適した光ファイバであるが,価格は高価である。また,一般的に光ケーブルは送信用と受信用の 2 芯で使用するが,波長分割多重通信(WDM:wavelength division multiplex)という技術により 1 芯にまとめることもできる。

1 000 BASE-LX は,光ケーブルにより 1 Gbps を実現した規格であり,10 GBASE-SR,10 GBASE-LR もともに光ケーブルにより 10 Gbps を実現した規格である。なお,「LX」は長波長レーザ(波長 1 350 nm)を使用していることを意味し,「SR」は "short reach" 短距離,「LR」は "long reach" 長距離を意味している。このように,使用する文字の統一性がなくなっているため,規格の字面だけでは判断が難しくなってきている。

このほか,40 GbE,100 GbE などの規格も実用化され,1 Tbps も検討されている。なお,40 G 以上の規格では多芯の光ファイバを用いて並列(マルチレーン)伝送することが多く,例えば「40 GBASE-SR 4」の最後の 4 は,4 本の光ファイバを使用(10 Gbps レーン×4)することを表している。

10.3.2 CSMA/CD

バス型のネットワークでは,複数のネットワーク機器が同時に送信を行うと混信して正しい通信が行えない。そこで,ある瞬間に送信を行う機器を 1 台だけになるように制御しなければならないが,イーサネットではこの**ケーブルアクセス技術**に CSMA/CD(carrier sense multiple access with collision detection)という方式を採用している。CSMA/CD の機能は以下のとおりである。

1) CS(carrier sense) 通信を行う際に,ほかのネットワーク機器が通信していないかどうか調べる。もし通信中なら終わるまで待機する。

2) MA(multiple access) 1 本のケーブルに複数の機器を接続することができ,他者が通信をしていなければ自らの判断で通信を開始する。

3) CD(collision detection) 複数の機器が同時に通信を行った場合,**コリジョン**(衝突)が発生する。コリジョンの発生を検出した場合には通信を中止し,ある時間(乱数)待機してから再送する。再びコリジョンが発生した

場合は,そのたびに乱数の取り得る値の範囲を2倍にし,再送を行う。

イーサネットでは,**バスマスタ**のようなバスを管理する機器を持たない完全な**分散制御**を行っている。そのため,通信の衝突,**コリジョン**が発生することを前提とした制御方式になっている。これは一見信頼性に欠けるような気もするが,実際には一部の機器が故障してもネットワーク全体の故障につながらず,また,機器の追加,変更が容易であり,信頼性,システムの拡張性はともに優れている。図 **10.19** にコリジョンが発生する状況を示す。

① まず,Aがネットワークの状況を調べ,ほかの機器が通信を行っていないことを確認してからネットワーク上に送信を始める。

② その直後に,Cがネットワークの状況を調べるが,このときはまだAからの信号が届いていないので,Cはほかの機器が通信を行っていないと判断して送信を始める。

③ コリジョンが発生し,CとBはコリジョンを検知するが,Aはまだコリジョンを検知できない。

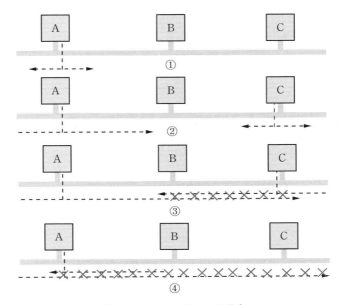

図 **10.19** コリジョンの発生

④ Cは送信を中止し，乱数時間を待ってから再送を行う準備に入る。この時点でようやくAもコリジョンを検知する。

　CSMA/CD方式では，いつ通信が成功するのかの保証は一切ない。運が悪いとコリジョンを繰り返す可能性もある。ただ，確率的に考えれば，際限なくコリジョンを繰り返す確率は非常に低く，いずれ通信が成功すると考えてさしつかえない。ただし，コリジョンが発生すると再送を行うので，その分，通信量が増えることになる。通信量が増加して混雑してきた場合，コリジョンが多発してさらに混雑が増し，さらにコリジョンが多くなるという悪循環が発生する可能性がある。ある一定以上の混雑が発生すると，ネットワークがまひしてしまう危険性は秘めていることになる。

　なお，100 BASE-TXや1 000 BASE-Tなどスター型の方式の場合には，スイッチと1対1通信となるためコリジョンは発生しない。

10.3.3　イーサネットフレーム

　イーサネット上を流れるデータは，IPネットワークと同じようにパケット化されていて，**フレーム**と呼ばれる。**図10.20**に示すように，フレームには

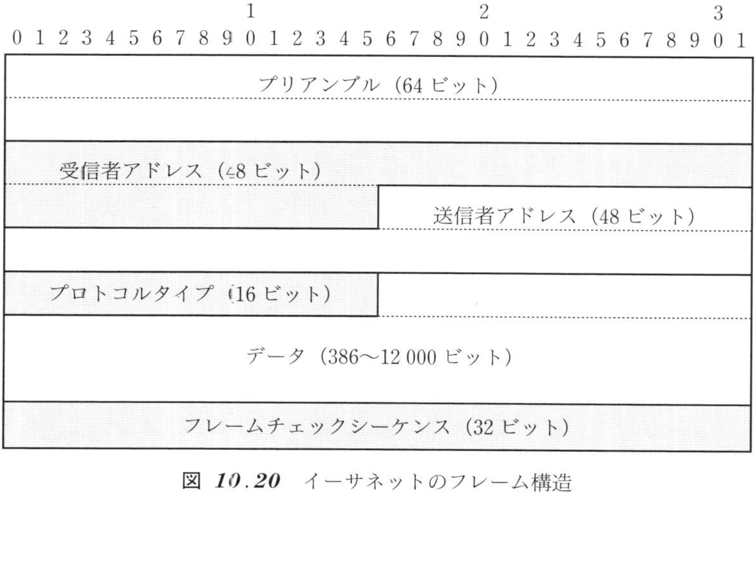

```
                    1                   2                   3
0 1 2 3 4 5 6 7 8 9 0 1 2 3 4 5 6 7 8 9 0 1 2 3 4 5 6 7 8 9 0 1
```

プリアンブル（64ビット）
受信者アドレス（48ビット）
送信者アドレス（48ビット）
プロトコルタイプ（16ビット）
データ（386〜12 000ビット）
フレームチェックシーケンス（32ビット）

図 **10.20**　イーサネットのフレーム構造

10.3 イーサネット

IPやTCPと同様にヘッダ情報などが付加される。最初の**プリアンブル**は送信側と受信側での同期をとるための部分で，0と1のビットの繰返しである。

続く送受信者のアドレスは，IPアドレスとは異なる**MAC**（media access control）**アドレス**が使用されている。IPアドレスは第3層のネットワークレイヤで定義されるアドレスであり，イーサネットはそれより下層の第2層，データリンクレイヤでのプロトコルである。したがって，イーサネットでは上位レイヤのIPアドレスは使用することができない。IPアドレスが論理的なアドレスで，どのようなアドレスでも設定でき，また，違うアドレスに付け替えることもできるが，MACアドレスは通常，**NIC**（network interface card）など，ネットワーク機器に内蔵されているROMに焼き込まれており，ネットワーク機器の製造業者によって管理され，変更することはできない。

MACアドレスはIPアドレスよりも多い48ビット（6オクテット）の長さを持ち，通常は以下のように各オクテット（8ビット）ごとに16進数で表示し，コロン（:）もしくはハイフン（-）で区切って表する。

　　　　00:30:65:ed:12:28　　　　　00-30-65-ed-12-28

また，前半の3オクテットはネットワーク機器の製造業者の固有IDを示し，後半の3オクテットを製造業者が管理することで**一意性**が保たれている。

プロトコルタイプは上位のレイヤを識別するために用意されていて，同じイーサネット上にTCP/IP以外のプロトコルを同居させることができるようになっている。以前はTCP/IP以外のさまざまなプロトコルが使用されていたが，現在ではTCP/IP以外のプロトコルはほぼ使用されていない。

つぎのデータは46バイトから1500バイトまでの可変長で，この部分には実際のユーザが使用するデータだけではなく，上位レイヤのIPやTCPのヘッダ情報も含まれる。

最後にエラーチェック用の**フレームチェックシーケンス**が付加され，フレームチェックシーケンスには4バイトの**CRC**（cyclic redundancy check）が使用されている。

TCP/IPにおける，各レイヤのデータと付加されるヘッダの関係を整理す

174　　10. ネットワーク

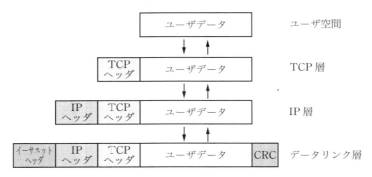

図 10.21　各ネットワークレイヤのデータの関係（TCP/IP）

ると，図 10.21 に示すようになる。

10.4 無　線　LAN

10.4.1　無線LANの伝送規格

無線 LAN とは，無線通信を利用してデータの送受信を行う LAN システムである。無線 LAN の伝送規格は，OSI 参照モデルの第1層の物理レイヤと第2層の MAC レイヤに相当する規格であり，使用する無線の周波数や伝送速度などが規定されている。無線 LAN にはさまざまな規格があるが，Wi-Fi Alliance という業界団体によって国際標準規格（IEEE 802.11：アイトリプルイー　エイトオーツードット　イレブン）が策定され，Wi-Fi として異なるメーカ機器間での相互接続性が保証されている。

表 10.3 は代表的な無線 LAN の伝送規格であるが，世代が新しくなるに

表 10.3　代表的な無線LANの伝送規格

世代	規　格	周波数帯	公称速度
2	IEEE 802.11 b	2.4 GHz	11 Mbps/22 Mbps
3	IEEE 802.11 a	5 GHz	54 Mbps
3	IEEE 802.11 g	2.4 GHz	54 Mbps
4	IEEE 802.11 n	2.4 GHz，5 GHz	65 M-600 Mbps
5	IEEE 802.11 ac	5 GHz	290 M-6.9 Gbps

従って伝送速度も高速化されている。

パソコンやスマートフォンにマウスやキーボード，イヤホンなどのディジタル機器を接続し，近距離無線通信を行う Bluetooth（ブルートゥース）という規格がある。IEEE 802.11 b と同じ 2.4 GHz 帯の電波を使用しているが，無線 LAN とはおもな用途が異なっている。無線 LAN がパソコンやスマートフォン，サーバなどのコンピュータ間の通信に使用するのに対して，Bluetooth はコンピュータと周辺機器間の接続を想定している。ただし，Bluetooth でも TCP/IP のパケットを流すことができ，パソコンとスマートフォンを Bluetooth で接続してスマートフォンの電話回線をパソコンのインターネット接続に利用するテザリング（tethering）を行った場合，Bluetooth も無線 LAN と同様の機能を果たすことになる。

10.4.2 無線LANの暗号化規格

無線 LAN では通信が電波として周囲に拡散してしまうため，通信の暗号化は必須である。**表 10.4** は代表的な無線 LAN の暗号化規格である。無線 LAN 機器の初期状態では，互換性維持のために WEP のような脆弱性がある規格が設定されている場合があるが，使用する機器が対応するのであれば WPA 2 のようなより安全な規格に設定し直したほうがよい。

表 10.4 代表的な無線LANの暗号化規格

規　格	特　徴
WEP（wired equivalent privacy）	初期の暗号化規格。脆弱性が指摘されている。
WPA（Wi-Fi protected access）	WEP の脆弱性を改良するために制定され，TKIP（temporal key integrity protocol）と呼ばれる暗号化方式が採用されている。
WPA2（Wi-Fi protected access 2）	WPA のセキュリティ強化改良版。CCMP と呼ばれる暗号化方式が採用され，通常のパーソナルモード（PSK モード）に加え，エンタープライズモード（EAP モード）として RADIUS 認証サーバ方式（IEEE 802.1 x）が付加された。

10.5 DNS と URL

10.5.1 DNS

IP ネットワークでは IP アドレスによって通信を行っているが，IP アドレスは無意味な数字の羅列であって，利用者には覚えにくい．そこで，DNS (domain name system) というサービスが提供されている．DNS はコンピュータの名前から IP アドレスを割り出すサービスを提供するシステムで，例えば，'www.mext.go.jp' というコンピュータの IP アドレスを DNS に問い合わせると，'210.174.162.214' であると答えてくれる．また，その逆に '202.245.44.236' という IP アドレスを問い合わせると，'www.kishou.go.jp' であると教えてくれる．

DNS でのコンピュータの名前は，**ホスト名**と**ドメイン名**からなっている．先ほどの 'www.mext.go.jp' では 'www' がホスト名，'mext.go.jp' がドメイン名に対応する．ドメイン名はネットワークでの 1 組織を指し，**国別コード**，**組織種別コード**，**組織名**で構成されている．例えば 'mext.go.jp' では，'mext' が組織名，'go' が組織種別コード，'jp' が国別コードになっている．その意味は逆順に，日本の 'jp'，政府機関である 'go'，文部科学省 'mext' となる．

インターネットは分散型のネットワークであるから，コンピュータの名前を集中管理しているところは存在しない．そこで，DNS も分散型のサービスで実現している．各ドメインでは必ず **DNS サーバ**を設置し，ドメイン内のコンピュータの情報を外部にも提供している．先ほどの文部科学省でも DNS サーバが設置され，管理者が省内のコンピュータ情報を管理しているはずである．

DNS サーバは階層構造を形成していて，上位階層のサーバが存在する．文部科学省は 'go' 政府機関に所属しているので，'go' を統括する DNS サーバにつながっている．この 'go' を統括する DNS サーバでは，ドメイン名が '***.go.jp' となるすべてのドメインの DNS サーバを管理している．日本では，この 'go' のほかに，学術機関の 'ac'，企業の 'co'，ネットワークサービス

10.5 DNS と URL

'ne',団体 'or' 等があり,それぞれ下層の DNS サーバを管理している.**図10.22**に示すように,さらに上位に 'jp' のサーバがあり,その上には最上位の**ルートサーバ**が世界中のすべての DNS サーバをまとめている.ルートサーバはインターネットの中核を担う非常に重要なサーバであるため,アメリカ,スウェーデン,オランダ,日本の各国の団体が管理する,13 系統(各系統は複数の実サーバで構成)のサーバ群で運用されている.

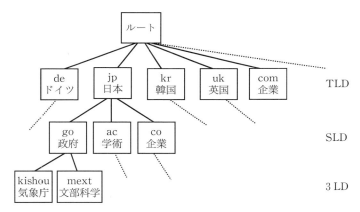

図 **10.22** DNS サーバの階層構造

DNS 利用の一例を考えてみる.はるか遠い国の人が,'www.mext.go.jp' のIP アドレスを調べたとする.その人は,まずいちばん身近な DNS サーバに問合せをする.自分のドメイン内のコンピュータではないので,残念ながらその DNS サーバには情報はない.問合せを受けた DNS サーバは,自分の上の階層の DNS サーバに問合せを行う.遠い異国のコンピュータであるから,まだ情報は得られない.最終的にルートサーバまでたどり着き,'jp','go' を経由して 'mext' の DNS サーバまで降りてくる.'mext' 文部科学省の DNS サーバは 'www' というホストを知っているので,その IP アドレスが '210.174.162.214' であると答える.この答えは一番最初に問合せを行った身近な DNS サーバを経由して返されるので,問合せを行った人は,この身近な DNS サーバが答えてくれたと思うであろう.

ドメイン名の末尾は **TLD**（top level domain）と呼び，国別情報を示す。その前にくる **SLD**（second level domain）は企業や学術機関などの組織の属性を示し，その前にくる **3LD**（third level domain）には任意の文字列の組織名を示す。しかし，例外もあり，末尾が 'com' などでは国別情報なしに運用されていて，どこの国からでも**サブドメイン名**を取得することができるようになっている。これを一般ドメイン（**gTLD**：generic top level domain）と呼び，'com' 以外にも 'net' や 'org' などがある。一般ドメインはつぎつぎと新しいドメイン（新 gTLD）が作られていて，「app」や「blog」，「tokyo」なども提供されている。また，'jp' でも**汎用 JP ドメイン**として，SLD を一般ユーザに開放し，組織属性のないドメイン名も可能になっている。

10.5.2 URL

DNS ではホスト名，ドメイン名は IP アドレスにのみ対応するが，さらに上位のサービスまで含めて表記する方法がある。これを URL（uniform resource locators）と呼ぶ。URL では，**アクセス方式，ドメイン名，パス名**などを並べて表記し，例えば，http://www.mext.go.jp/index.html のように表現する。この例では，'http' が**スキーム名**と呼ばれ，サービスの種類を表す。http は hyper text transfer protocol の略でウェブを意味する。'www.mext.go.jp' はドメイン名を含んだサーバ名で，'index.html' がサーバ内での HTML 文書を示すパス名となる。

10.6 ルータ

インターネット等を介して接続されている別のネットワークとの間で通信を行うためにはルータが必要になる。ルータはネットワークレイヤでネットワークを接続する機器で，IP アドレスなどの情報を使用してパケットを届ける役割をしている。図 **10.23** に示すように，インターネット上では，たくさんのルータが網の目のように接続され，ネットワーク A からネットワーク B への

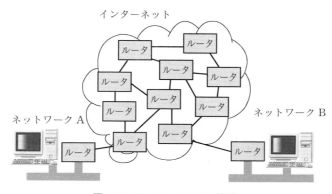

図 10.23　ルータによる接続

経路は何通りも存在する。この複数の経路から適当な経路を決定するために必要となるのが**経路制御**という技術である。

10.6.1　ルーティングテーブル

インターネットは巨大な分散型のネットワークである。したがって，各ルータの接続状況を集中管理しているところはなく，その全体像を調べることはできない。また，新しい接続ができたり，逆に接続が切れたりとつねに形を変化させている。したがって，カーナビのルート検索のように，あらかじめ地図情報を元にすべての道筋を決定するということはできない。そこで，ルータでは隣接するルータのうち，どのルータに送るかだけを制御している。ルータには**ルーティングテーブル**（経路制御表）と呼ばれる対応表が管理されている。ルーティングテーブルには，そのルータに複数の接続があった場合，送り先のIPアドレスによってどの接続に送ればよいかが記載されている。つぎのルータにパケットを送った後，その先を決めるのはつぎのルータの仕事になる。

ルーティングテーブルの情報はルータ間での情報交換によって更新されていく。どこかのルータに新しいネットワークが接続された場合，「このネットワークあてのパケットはこちらに送ってください」という情報を隣接するルータに送る。この情報をもらったルータは，さらに隣接するルータに伝え，最終的

には世界中のルータにこの情報が行き渡ることになる。

10.6.2 サブネットマスクとルータ

経路制御はルータの仕事であるが，データを送信する場合の最初の1回の経路制御は送信するコンピュータが行う必要がある。**図 10.24** で，www.tokyo-ct.ac.jp というコンピュータが通信を行うとする。その相手が www2.tokyo-ct.ac.jp なら，ローカル（内部）ネットワーク上にあるから，直接パケットを送る。しかし，もし送り先が www.mext.go.jp ならば，パケットはルータを経由して届けてもらうことになる。

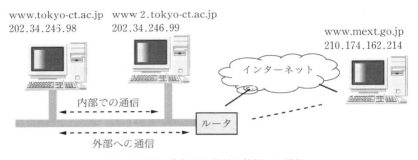

図 10.24 内部での通信と外部への通信

送り先が内部か外部かの判断は，IP アドレスのネットワーク部が同じかどうかで判断する。自分の IP アドレスと送り先の IP アドレスのネットワーク部を調べ，もし同じなら内部だと判断して直接送り，もし違っていたら，外部だと判断してルータに送ることになる。

IP アドレスのネットワーク部だけを切り出すために，**サブネットマスク**を使用する。図の3台のコンピュータはすべて**サブネット化**されていないクラス C の IP アドレスを持っているとする。サブネットマスクは以下のようになる。

   11111111 11111111 11111111 00000000

これをドット記法で表すと，以下のようになる。

   255.255.255.0

各 IP アドレスとこのサブネットマスクで AND（論理積）を取ると，ホス

ト部がすべて 0 になり，**ネットワーク部**だけが残る。各 IP アドレスのサブネットマスクで AND を取った値は，以下のようになる。

  www.tokyo-ct.ac.jp   202.34.246.0
  www2.tokyo-ct.ac.jp   202.34.246.0
  www.mext.go.jp   210.174.162.0

 この情報により，www.tokyo-ct.ac.jp から www2.tokyo-ct.ac.jp へはネットワーク部が同じだから内部で直接通信を行い，www.tokyo-ct.ac.jp から www.mext.go.jp へはネットワーク部が異なるから外部でルータ経由の通信だと判断できる。

 なお，異なるネットワーク（ネットワーク部が異なる）へ通信するには，最低一つ以上のルータが必要である。そのうち，主として使用するルータは**デフォルトルータ**，もしくは，**デフォルトゲートウェイ**として各コンピュータに登録するのが一般的である。

10.7 セキュリティ

 インターネット上には善良な利用者だけではなく，残念ながら悪意を持った利用者もいる。インターネットに接続するということは，悪意を持った者からの攻撃を受ける可能性が生じるということにもなる。特に，常時接続を行っている場合は，たとえそれが個人のパソコンであっても必ず攻撃を受ける。悪いことに，たいていの場合は攻撃を受けた被害者のコンピュータを**踏み台**にして，ほかのコンピュータに攻撃をしかけるため，被害者が加害者になってしまうということもある。たとえ踏み台にされたとしても，管理責任は問われる場合がある。

 セキュリティを高めるために考えるべきことは，以下のような項目である。

1) ウィルス対策
2) セキュリティホール対策
3) パスワードの管理と暗号技術

4) ファイアウォール

10.7.1 ウィルス対策

現在，ウィルスの多くはメールやウェブ，USB メモリ経由で感染している。メールで感染するウィルスは**トロイの木馬**などと呼ばれ，添付されたファイルを開くことで感染する。ウェブではそのサイトを見ただけで，また USB メモリは接続しただけで感染してしまう場合もある。もし感染した場合，自分のコンピュータが被害を受けるだけではなく，周囲の人にもウィルスを感染させてしまう可能性がある。ウィルスによっては，メールソフトのアドレス帳に登録してあるメールアドレスに，勝手にウィルスを送りつける場合がある。ウィルスが勝手にネットワークを通じて動き回る様子から，このようなウィルスを**ワーム**と呼ぶこともある。また，気付かないうちに，そのウィルスがほかのコンピュータに攻撃をしかける場合もある。攻撃を受けた側から見ると，まさに攻撃者になってしまっている。

ウィルス対策としては**アンチウィルスソフト**を導入する必要があるが，アンチウィルスソフトは**ウィルス定義ファイル**の情報によってウィルスを検出しているため，つねにウィルス定義ファイルを最新版に更新しておく必要がある。ただし，新種のウィルスが出現した場合は，対応する定義ファイルに更新される前は無防備であるため，アンチウィルスソフトをインストールしているからといって油断してはいけない。

万一，ウィルスに感染してしまった場合には，ウィルスの駆除方法は感染したウィルスの種類によって異なる。まずは，IPA（情報処理推進機構セキュリティセンター：http://www.ipa.go.jp/security）やウィルス対策ソフトを発売している各社のホームページなどで情報を収集し，その指示に従うことになる。悪質なウィルスだと完全には駆除しきれず，OS の初期インストールから行わなければならない場合もある。そのリスクをよく考え，ウィルスに感染しないよう注意することが大切である。

ウィルスは今後増えることはあれ，減ることはないと考えられる。どのよう

な理由があれ，アンチウィルスソフトなしでパソコン（特に Windows）を使用してはいけない。フリーのアンチウィルスソフトもあるので，万一，インストールしていないパソコンがあれば，今日中にインストールしよう。

10.7.2 セキュリティホール対策

セキュリティホールとはプログラムのバグ等によって生じるセキュリティの弱い部分のことで，セキュリティホールを突いて侵入したり，悪意のあるプログラムを実行させたりする。侵入された場合，**踏み台**にされてほかのコンピュータへの攻撃に加担させられる可能性がある。

セキュリティホールが見つかるとその対策を施した新しい版のプログラムや不具合を修正するためのプログラムが公開される。例えば，OS に Windows を使用している場合には，'Windows Update' を使用してマイクロソフト社のホームページから修正プログラムが入手できるようになっている。修正プログラムは頻繁に発行され，その対応が面倒になってしまうことも多いが，この作業を怠るとアンチウィルスソフトでは防げないウィルスに感染してしまう場合もある。重要度の高い更新プログラムを自動的に取得するように設定することもできるので，面倒がらずにつねに最新の修正プログラムを適用することが必要である。

10.7.3 パスワードの管理と暗号技術

いくらセキュリティ対策を行っていても，パスワードや重要な個人情報などの機密情報が漏れてしまったのでは仕方がない。パスワードなどを人に教えたり，管理をおろそかにするのは論外として，本人が気を付けていても漏洩してしまう危険はある。例えば，メールソフトで5分に1度のメールチェックを行っていたとすると，1時間に12回はパスワードを含んだパケットがネットワーク上を流れているので，これを**盗聴**すればパスワードは簡単に入手できてしまう。このパスワードがほかの重要なシステムのパスワードと同じである可能性は高いのではないだろうか。

これを防ぐためには，認証等を含めた**暗号化**が必要になる。例えば，インターネット上のショッピングサイトでは，ウェブブラウザで**SSL**（secure sockets layer）と呼ばれる暗号化通信が利用されている。URLがhttp://ではなく，https://で始まっているのがそれである。

SSLなどの暗号では，暗号化と暗号の解読（復号）をするために**鍵**が用いられ，暗号化するときと復号するときに同じ鍵を使用する共通鍵暗号方式と，別々の鍵を使用する公開鍵暗号方式に大別される。共通鍵暗号方式では，事前に何らかの方法で「鍵」を受信者側に渡しておく必要があり，もし安全に鍵を渡す方法があるならば，その方法で情報自体を送ればよいという矛盾がある。公開鍵暗号方式では受信者に渡す「公開鍵」と自分で厳重に管理する「秘密鍵」の二つの鍵を用いるが，公開鍵は悪意のある第三者に渡ってしまっても安全であり，非常に強力な暗号化方式である。しかし，公開鍵暗号方式は処理速度が非常に遅いという欠点があるため，公開鍵暗号方式を用いて共通鍵暗号方式の「鍵」を受信者に渡し，以降は処理の軽い共通鍵暗号方式に切り替えるハイブリッド方式が用いられることが多い。

10.7.4 ファイアウォール

ファイアウォールは不要なサービスをふさいでセキュリティを高めるもので，ハードウェアで実現しているもの，ソフトウェアで実現しているものがある。コンピュータ上のプログラムは個別の**ポート番号**を持っていて，それによってネットワークに接続されている。その接続に**フィルタ**をかけるのがファイアウォールの役割である。そのパケットがどのポートを指しているか，TCPなのかUDPなのか，入ってくるのか出ていくのか，そして，相手のIPアドレスなどによってパケットの通過の許可・不許可を決めている。高機能なファイアウォールでは**攻撃のパターン**を**データベース**として持っていて，攻撃を検知して閉め出してしまうものもある。

図**10**.**25**はファイアウォールの例である。ある会社のLAN（社内ネットワーク）がインターネットに接続している場合，外部（インターネット）から

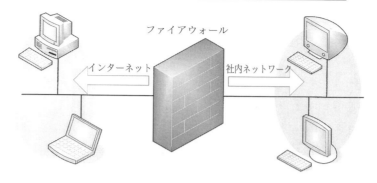

図 10.25 ファイアウォールの例

の攻撃を防ぐためにファイアウォールを設置している。ファイアウォールは社内ネットワークとインターネットの境界線上に設置され，インターネット側からの不正なアクセスを遮断している。ただし，すべてを遮断したのではインターネットに接続していないのと同じになってしまうため，必要最低限のポートは開かれている。この開いているポートに対しては，特にセキュリティホール対策が重要となる。

パソコンにインストールできる簡易的なファイアウォールソフトである**パーソナルファイアウォール**は，不要なポートをすべてふさいでくれるのでセキュリティホール対策を補うことができる。セキュリティホールが見つかってから修正ソフトが発行されるまでは無防備のままであるが，パーソナルファイアウォールによってポートをふさいでいれば攻撃を受けることはない。

ファイアウォールはけっして万能ではないが，いろいろなセキュリティ対策を施した上で，さらに安全性を増すために使用するものだと考えたほうがよいであろう。

演 習 問 題

【1】 LAN に接続したパソコン間でファイルの交換を行う場合，ピアツーピアで行う方法とファイルサーバを使用する方法がある。それぞれの利点・欠点を示せ。

【2】 インターネットの応用例を三つ以上挙げて，その概要を説明せよ。

【3】 IPアドレス（IPv4）の代表的な三つのクラスについて，その概要を説明せよ。

【4】 IPアドレスが不足しているという。なぜ不足するのかを説明し，また，その解決策を示せ。

【5】 OSI参照モデルで示される七つの層について，その名称と概要を説明せよ。

【6】 IPパケット（データグラム）で付加されるIPヘッダにはどのような情報があるか。おもなものを二つ挙げよ。

【7】 TCPセグメントに付加されるTCPヘッダにはどのような情報があるか。おもなものを四つ挙げよ。

【8】 イーサネットフレームに付加されるイーサネットヘッダにはどのような情報があるか。おもなものを二つ挙げよ。

【9】 イーサネットで使用されるUTPケーブルのカテゴリとはなにか。

【10】 イーサネットで使用されるアクセス技術はなにか。その概要を説明せよ。

【11】 DNSとはどのようなサービスか，簡単に説明せよ。また，DNSがなかったらどうなるか。

【12】 http://www.mext.gc.jp/index.html というURLにはどのような情報が含まれているか。

【13】 ルータのルーティングテーブルにはどのような情報が格納されているか。

【14】 デフォルトルータとはなにか。

【15】 サブネットマスクの役割について，簡単に説明せよ。

【16】 パソコンをウィルスから守るための対策を三つ挙げよ。

【17】 インターネットショッピングを行う場合の注意点を三つ以上挙げて説明せよ。

【18】 ファイアウォールで守れることと守れないことを，それぞれ説明せよ。

11

コンピュータシステムの信頼性

 高度情報化社会においては，コンピュータへの依存がますます高まってきており，実際に，その故障や誤動作による社会的な被害や経済的な損失などをもたらしている。また，航空機，スペースシャトル，原子力発電所，新幹線，自動車などに代表されるシステムでは，人的な被害を回避する点からも，コンピュータシステムの信頼性並びに安全性が強く要求されている。

11.1 信頼性と信頼度

 信頼性（reliability）という用語は，素子や機器などのアイテム（item）が正しく機能しているかどうかを定性的に表現するために用いられる。一方，**信頼度**（reliability）は，アイテムが与えられた条件で，規定の期間中，要求された機能を満足する確率として定義される。例えば，総数 N 個の素子が時刻 t まで正常に動作している素子数を $S(t)$ とすると，信頼度 $R(t)$ は次式で表される。

$$R(t) = \frac{S(t)}{N} \qquad (11.1)$$

 また，**不信頼度** $F(t)$ は時刻 t までに故障した素子数を $Q(t)$ とすると，次式で表される。

$$F(t) = \frac{Q(t)}{N}$$

 時刻 t までに残っている素子数 $S(t)$ のうち，単位時間に故障する確率を**故障率** $\lambda(t)$ といい，次式で表される。

$$\lambda(t) = \frac{1}{S(t)} \cdot \frac{dQ(t)}{dt} \tag{11.2}$$

ここで，$dQ(t)/dt$ は時刻 t において正常な素子が，時刻 $t + \Delta t$ で故障する確率を表している。

素子の寿命の研究から，故障は**図 11.1** に示すように変化することが明らかになっている。この図において，使用して間もなく起こる故障は，素子の欠陥などが起因すると考えられ，この時期の故障を**初期故障**という。つぎに，故障率が比較的一定の期間で，この時期の故障を**偶発故障**という。最後は，故障率が時間とともに増加する期間で，この時期の故障を**摩耗故障**という。

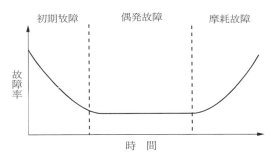

図 11.1 故障率の時間変化

図に示した曲線は，その形から**バスタブ曲線**（bath-tub curve）と呼ばれる。このような曲線は，素子だけでなくコンピュータなどのシステムについても当てはまることが知られている。

通常，われわれの関心となるのは偶発故障期間である。この期間においては，故障率を λ（一定）とすると，信頼度は以下のように指数分布で与えられる。式 (11.1) から

$$R(t) = \frac{S(t)}{N} = \frac{N - Q(t)}{N} = 1 - \frac{Q(t)}{N}$$

と表せる。したがって

$$\frac{dR(t)}{dt} = -\frac{1}{N} \cdot \frac{dQ(t)}{dt}$$

となり，移項して整理すると

$$\frac{dQ(t)}{dt} = -N \cdot \frac{dR(t)}{dt} \tag{11.3}$$

となる。

つぎに，式 (11.3) を式 (11.2) に代入し，$S(t)/N$ を $R(t)$ に置き換えると

$$\lambda = -\frac{N}{S(t)} \cdot \frac{dR(t)}{dt} = -\frac{1}{R(t)} \cdot \frac{dR(t)}{dt}$$

となり，右辺の dt を左辺に移すと

$$\lambda \cdot dt = -\frac{dR(t)}{R(t)}$$

となる。$t = 0$ における信頼度を 1 とすれば上式から

$$\lambda \int_0^t dt = -\int_1^{R(t)} \frac{dR(t)}{R(t)}$$

となる。よって

$$\lambda [\, t\,]_0^t = -[\log_e R(t)]_1^{R(t)}$$
$$\lambda t = -\{\log_e R(t) - \log_e 1\}$$
$$\lambda t = -\log_e R(t)$$

ゆえに

$$R(t) = e^{-\lambda t} \tag{11.4}$$

が得られる。

11.2 平均故障寿命と平均故障間隔

　素子や機器においては，故障が発生した場合，廃棄するものと修理して再使用するものとがある。**平均故障寿命**（mean time to failure：MTTF）とは，非修理アイテムの故障寿命の平均値をいう。一方，**平均故障間隔**（mean time between failures：MTBF）とは，故障した機器などを修理して再び使用する場合の故障と故障の間の平均時間間隔をいう。

　偶発故障においては，MTBF は次式のように故障率の逆数に等しい。

$$\mathrm{MTBF} = \int_0^\infty R(t)\,dt = \int_0^\infty e^{-\lambda t}\,dt = \frac{1}{\lambda} \tag{11.5}$$

例えば,あるプロセッサが 10^6 ゲートから構成され,1ゲート当りの故障が平均 10^{10} 時間に1回発生すると仮定すると,そのプロセッサの故障率はつぎのようになる.

$$10^6 \times \frac{1}{10^{10}} = 10^{-4} \text{ 個数/時間}$$

したがって,MTBF は 10^4 時間となる.

11.3 保 全 度

コンピュータシステムが故障したとき,その故障個所をできる限り早く検出し,修理することが要求される.**保全度**(maintainability)とは,与えられた時間内に故障の検出・修理を完了する確率である.

また,修理に要する時間の平均を表すのに**平均修理時間**(mean time to repair:MTTR)があり,この時間が短いほど修理が速いということになる.

11.4 アベイラビリティ

修理しながら使用するシステムでは,信頼度とともに保全度にも注意を払う必要がある.**アベイラビリティ**(availability:Av)とは,信頼度と保全度を総合したシステムの広義の信頼性を表す尺度で,「コンピュータシステムが特定の瞬間に機能を維持している確率」をいい,式(11.6)のように表すことができる.

$$Av = \frac{\text{アップタイム}}{\text{アップタイム}+\text{ダウンタイム}} = \frac{\mathrm{MTBF}}{\mathrm{MTBF}+\mathrm{MTTR}} \tag{11.6}$$

ここで,アップタイム(up time)は動作可能時間,ダウンタイム(down time)は故障時間を表す.

式(11.6)より,アベイラビリティの向上には,MTTR を小さくすること

と,MTBF を大きくすることが有効であるが,前者のほうがコスト的に有利な場合が多い。また,アベイラビリティは,コンピュータのオンラインサービスの評価指標としても重要である。

11.5 直列および並列システムの信頼度

〔1〕 **直列システム**　図 **11.2** は N 個のモジュールを直列に接続した**直列システム**(series system)を表している。モジュール $i\,(i=1,\,2,\,\cdots,\,N)$ の信頼度を R_i とすると,システム全体の信頼度 R は

$$R = R_1 \times R_2 \times \cdots \times R_N \tag{11.7}$$

で与えられる。直列システムでは,N 個のモジュールのうちのどれか一つが故障するとシステムダウンとなる。

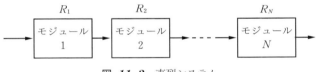

図 **11.2**　直列システム

例えば,信頼度 $R_1 = 0.98$ と信頼度 $R_2 = 0.98$ の2個のモジュールからなる直列システムの信頼度 R はつぎのようになる。

$$R = R_1 \times R_2 = 0.98 \times 0.98 = 0.96$$

〔2〕 **並列システム**　図 **11.3** は N 個のモジュールを並列に接続した**並列システム**(parallel system)を表している。このシステムでは,少なくとも1個のモジュールが動作していればシステムは正常である。したがって,システムの信頼度は1からすべてのモジュールが故障する確率を引くことによって求められる。モジュール $i\,(i=1,\,2,\,\cdots,\,N)$ の信頼度を R_i とすると,並列システムの信頼度 R は

$$R = 1 - (1-R_1)(1-R_2)\cdots(1-R_N) \tag{11.8}$$

で与えられる。

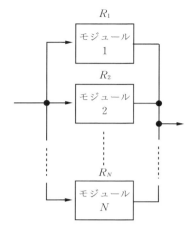

図 **11.3** 並列システム

例えば，信頼度 $R_1 = 0.98$ と信頼度 $R_2 = 0.98$ の 2 個のモジュールからなる並列システムの信頼度 R は，つぎのようになる。

$$R = 1 - (1 - 0.98)(1 - 0.98) = 0.9996$$

〔**3**〕 **直並列システム**　図 **11.4** に**直並列システム**（series-to-parallel system）を示す。このシステムは，モジュールの直列接続の並列システムになっているので，全体の信頼度 R_{SP} はつぎのようになる。

$$R_{SP} = 1 - (1 - R_A R_B)(1 - R_C R_D)$$
$$= R_A R_B + R_C R_D - R_A R_B R_C R_D$$

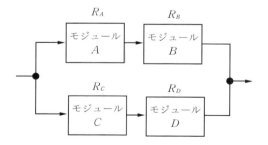

図 **11.4** 直並列システム

〔**4**〕 **並直列システム**　図 **11.5** に**並直列システム**（parallel-to-series system）を示す。このシステムは，モジュールの並列接続の直列システムになっているので，全体の信頼度 R_{PS} はつぎのようになる。

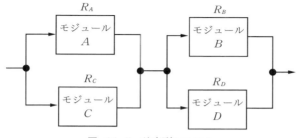

図 **11**.5　並直列システム

$$R_\mathrm{PS} = \{1 - (1 - R_A)(1 - R_C)\}\{1 - (1 - R_B)(1 - R_D)\}$$

ここで，R_A, R_B, R_C, R_D がすべて R と仮定した場合の直並列システムと並直列システムの信頼度を比較してみると

$$R_\mathrm{SP} = 2R^2 - R^4$$
$$R_\mathrm{PS} = R^4 - 4R^3 + 4R^2$$

となる。

$$R_\mathrm{PS} - R_\mathrm{SP} = 2R^2(R-1)^2 > 0 \quad (0 < R < 1)$$

より，並直列システムのほうが信頼度が高いことがわかる。

11.6　高信頼化システムの構成

　一般に，オンラインシステムでは，万一，故障が発生してもシステムダウンとならないことが強く要求される。これを実現する方法として，回路や装置を余分に追加した冗長構成がよく知られている。このように，故障が発生してもシステムが機能を損なわないで動作を維持できる能力を**フォールトトレランス**（fault tolerance：耐故障）と呼んでいる。以下に代表的なシステムの構成例を示す。

　〔**1**〕**デュプレックスシステム（待機冗長システム）**　図 **11**.**6** に示すように，CPU，MEM（メモリ），FILE（磁気ディスク），CCU（通信制御）などの重要な部分を 2 重にした構成を，**デュプレックスシステム**（duplex sys-

194　　11. コンピュータシステムの信頼性

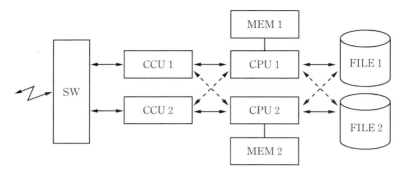

図 **11.6** デュプレックスシステム

tem）という。通常は一方のシステムで処理を行い，故障が生じた場合に予備のシステムに切り替えて処理の継続を図るシステムである。一方をオンラインシステムとして使用し，他方を通常はバッチ処理システムとして効率的に使用する場合もある。

〔**2**〕 **デュアルシステム**　図 **11.7** に示すように，**デュアルシステム**（dual system）はシステムを2重化し，同一処理を同時に実行し，たがいの処理結果を照合して，一致すれば最終結果とし，不一致が生じた場合は再度処理（retry）を実行するシステムである。信頼性は1台のシステムよりも大幅に向上するが，2台で1台分の処理能力に相当するのでコストパフォーマンスは悪くなる。

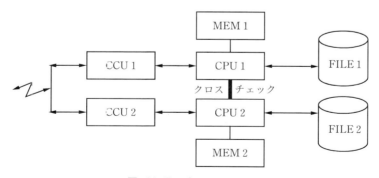

図 **11.7** デュアルシステム

〔3〕 **TMR**　図 11.8 に示すように，システムを 3 重化してそれぞれ同一処理を行い，それらの処理結果の多数決を最終出力とする方式を **TMR**（triple modular redundancy）という。多数決は **Voter**（多数決回路）により行われるが，この回路は三重化したシステムと比較して単純な回路であり，それ自身の故障の発生確率はきわめて小さいと考えられる。したがって，3 台のシステムのうち，1 台までの故障を許すことができるので高信頼性が実現される。一方，性能はシステム 1 台に等しいのでコストパフォーマンスは低くなる。

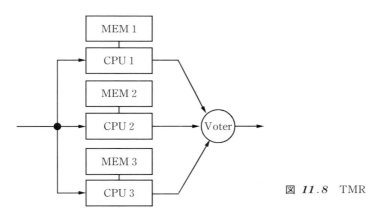

図 11.8　TMR

〔4〕 **マルチプロセッサシステム**　図 11.9 に示すように，**マルチプロセッサシステム**（multi-processor system）とは，多数の CPU を用いて処理を分担して実行するシステムである。本システムでは，ある CPU に故障が発生しても，それ以外の CPU で処理を継続させることができるため，システム

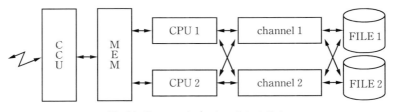

図 11.9　マルチプロセッサシステム

の処理能力は低下するもののシステムダウンにはならず,高信頼性と高処理効率の両方を実現できる。

11.7 コンピュータシステムの信頼性評価

ここでは,前節で述べた高信頼化システムの中のいくつかについて,その信頼性評価を行うことにする。

〔1〕 **デュプレックスシステム（待機冗長システム）** 図 11.10 (a) に示すように,同一の2台のコンピュータを並列に接続し,1台が動作し,ほかの1台は予備として待機している。動作しているコンピュータが故障するとスイッチSは予備のコンピュータに切り替わり,予備のコンピュータがサービスを継続する。

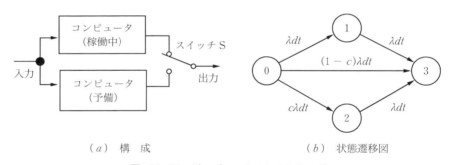

(a) 構　成　　　　　　　　　　(b) 状態遷移図

図 **11.10** デュプレックスシステムモデル

図 (b) は,本システムの状態遷移図である。丸印が状態を,矢印が状態の遷移を表している。

状態0から状態3の定義は以下のとおりである。

状態0：2台のコンピュータとも正常である。

状態1：稼働中のコンピュータは正常で,予備のコンピュータに故障が発生する。

状態2：予備のコンピュータは正常で,稼働中のコンピュータに故障が発生する。

状態3:システムダウンで,正常なサービスを行えない状態。

仮定として,2台のコンピュータの故障率はともに λ とし,故障の発生について2台のコンピュータはたがいに独立とする。また,稼働中のコンピュータと予備のコンピュータが同時に故障する確率はきわめて小さいので,ここでは無視している。

システムが状態0にいるとき,t と $t+dt$ 間に稼働中のコンピュータまたは予備のコンピュータに λdt の確率で故障が生じる。この結果,稼働中のコンピュータの場合,故障の検出およびスイッチの切り替えに確率 c で成功すれば,状態0から状態2に遷移する。確率 c はカバレッジ(coverage)と呼ばれ,故障が存在するとき,故障検出と予備のコンピュータへの切り替えに成功する条件付き確率を表し,0と1の間の値をとる。また,$(1-c)$ の確率で切り替えに失敗したときは,状態遷移は状態0から状態3となる。一方,予備のコンピュータに故障が発生した場合には,状態0から状態1に遷移する。状態1から状態3または状態2から状態3には,現在,稼働中のコンピュータが故障することで遷移する。状態3はシステムダウンの状態である。

さて,時刻 t にシステムが状態0,1,2,3にいる確率をそれぞれ $P_0(t)$, $P_1(t)$, $P_2(t)$, $P_3(t)$ とする。$P_0(t+dt)$ はシステムが時刻 t のとき状態0にいて,微小時間 dt 経過後も状態0にいる確率で次式のように表すことができる。

$$P_0(t+dt) = \{1 - \lambda dt - (1-c)\lambda dt - c\lambda dt\}P_0(t) \qquad (11.9)$$

ここで,$dP_0(t)/dt = \{P_0(t+dt) - P_0(t)\}/dt$ を用いて整理すると,式 (11.9) は

$$\frac{dP_0(t)}{dt} = -2\lambda P_0(t) \qquad (11.10)$$

となる。$P_1(t+dt)$ はシステムが時刻 t のとき状態0にいて,微小時間 dt 経過後に状態1に遷移する場合と,時刻 t のとき状態1にいて,微小時間 dt 経過後も状態1にいる二つの場合が考えられるので,つぎの式のようになる。

$$P_1(t+dt) = \lambda dt P_0(t) + (1-\lambda dt)P_1(t) \qquad (11.11)$$

この式を整理すると

$$\frac{dP_1(t)}{dt} = \lambda P_0(t) - \lambda P_1(t) \tag{11.12}$$

が得られる．同様に

$$\frac{dP_2(t)}{dt} = c\lambda P_0(t) - \lambda P_2(t) \tag{11.13}$$

となる．時刻 $t=0$ のとき，状態 0 にいるので初期条件として，$P_0(0)=1$，$P_1(0)=0$，$P_2(0)=0$ を当てはめて式 (11.10)，(11.12)，(11.13) の連立微分方程式を解けば，$P_0(t)$，$P_1(t)$，$P_2(t)$ の値を求めることができる．

$P_0(t)$，$P_1(t)$，$P_2(t)$ のラプラス変換を $P_0(s)$，$P_1(s)$，$P_2(s)$ とすると，式 (11.10)，(11.12)，(11.13) はつぎのようになる．

$$\left.\begin{aligned} sP_0(s) - P_0(0) &= -2\lambda P_0(s) \\ sP_1(s) - P_1(0) &= \lambda P_0(s) - \lambda P_1(s) \\ sP_2(s) - P_2(0) &= c\lambda P_0(s) - \lambda P_2(s) \end{aligned}\right\} \tag{11.14}$$

これらの式から

$$\left.\begin{aligned} P_0(s) &= \frac{1}{s+2\lambda} \\ P_1(s) &= \frac{1}{s+\lambda} - \frac{1}{s+2\lambda} \\ P_2(s) &= \frac{c}{s+\lambda} - \frac{c}{s+2\lambda} \end{aligned}\right\} \tag{11.15}$$

となり，ラプラス逆変換すると

$$\left.\begin{aligned} P_0(t) &= e^{-2\lambda t} \\ P_1(t) &= e^{-\lambda t} - e^{-2\lambda t} \\ P_2(t) &= ce^{-\lambda t} - ce^{-2\lambda t} \end{aligned}\right\} \tag{11.16}$$

となる．したがって，デュプレックスシステムの信頼度 $R(t)$ は

$$R(t) = P_0(t) + P_1(t) + P_2(t) = (1+c)e^{-\lambda t} - ce^{-2\lambda t} \tag{11.17}$$

となり，MTTF は

$$\text{MTTF} = \frac{c+2}{2\lambda} \tag{11.18}$$

となる．式 (11.18) で，c は 0 より大きいことから，デュプレックスシステ

ムの MTTF は，単一システムでの $1/\lambda$ より大きくなることを示している。

〔2〕**デュアルシステム**　図 **11.11**（a）に示すようにコンピュータを 2 重化し，まったく同一の処理を行わせ，その結果をコンパレータで照合する方式。一方のコンピュータに故障が発生しても，もう一方のコンピュータで処理を継続できるので，システムの信頼性は高い。

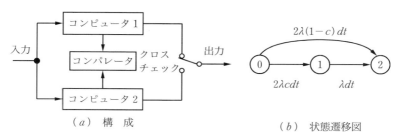

（a）構　成　　　　　　　（b）状態遷移図
図 **11.11**　デュアルシステムモデル

このシステムの状態遷移図は図（b）のようになる。ここで，各状態の定義は以下のとおりである。

状態 0：2 台のコンピュータとも正常である。

状態 1：2 台のコンピュータのいずれかに故障が発生し，それが正しく切り離された状態。

状態 2：システムダウンで，正常なサービスを行えない状態。

仮定として，コンパレータやスイッチはコンピュータと比較して回路構成はきわめて単純であることから，故障は生じないものとする。また，2 台のコンピュータの故障率は等しく λ と仮定し，同時に故障は生じないものと仮定する。

システムが状態 0 にいるとき，t と dt 間に 2 台のコンピュータそれぞれに λdt の確率で故障が生じる。この場合，どちらのコンピュータが故障しているかなど故障の検出を含めて再構成に成功する条件付確率をカバレッジと呼び，$c(0 \leq c \leq 1)$ で表す。すなわち，状態 1 は，状態 0 において 2 台のコンピュータのいずれかに故障が生じた場合，確率 c で再構成に成功した状態を表している。一方，再構成に失敗した場合には，状態 0 から状態 2 に遷移する。ま

た，状態 1 から状態 2 への遷移は，1 台で稼働しているコンピュータに故障が発生し，システムダウンとなることを表している。

さて，時刻 t にシステムが状態 0，1 にいる確率をそれぞれ $P_0(t)$，$P_1(t)$ とする。$P_0(t+dt)$ はシステムが時刻 t のとき状態 0 にいて，微小時間経過後も状態 0 にいる確率で，次式のように表すことができる。

$$P_0(t+dt) = P_0(t)\{1 - 2\lambda c dt - 2\lambda(1-c)dt\} \tag{11.19}$$

ここで，$dP_0(t)/dt = \{P_0(t+dt) - P_0(t)\}/dt$ を用いて整理すると，式(11.9)は

$$\frac{dP_0(t)}{dt} = -2\lambda P_0(t) \tag{11.20}$$

となる。$P_1(t+dt)$ は，システムが時刻 t のとき状態 0 にいて微小時間 dt 経過後に状態 1 に遷移する場合と，時刻 t のとき状態 1 にいて微小時間 dt 経過後も状態 1 にいる二つの場合が考えられるので，つぎの式のようになる。

$$P_1(t+dt) = P_0(t)2\lambda c dt + P_1(t)\{1 - \lambda dt\} \tag{11.21}$$

この式を整理すると

$$\frac{dP_1(t)}{dt} = 2c\lambda P_0(t) - \lambda P_1(t) \tag{11.22}$$

となる。時刻 $t=0$ のとき状態 0 にあると考えているので，初期条件として $P_0(0)=1$，$P_1(0)=0$ を当てはめて，式(11.10)，(11.12)の連立微分方程式を解けば，$P_0(t)$，$P_1(t)$ の値を求めることができる。

$P_0(t)$，$P_1(t)$ のラプラス変換を $P_0(s)$，$P_1(s)$ とすると，式(11.10)，(11.12)はつぎのようになる。

$$sP_0(s) - P_0(0) = -2\lambda P_0(s)$$

$$sP_1(s) - P_1(0) = 2c\lambda P_0(s) - \lambda P_1(s)$$

これらの式から

$$P_0(s) = \frac{1}{s+2\lambda}$$

$$P_1(s) = \frac{2c\lambda}{(s+\lambda)(s+2\lambda)} = 2c\left\{\frac{1}{s+\lambda} - \frac{1}{s+2\lambda}\right\}$$

となり，ラプラス逆変換すると

$$P_0(t) = e^{-2\lambda t}$$
$$P_1(t) = 2ce^{-\lambda t} - 2ce^{-2\lambda t}$$

となる．したがって，デュアルシステムの信頼度 $R(t)$ は

$$R(t) = P_0(t) + P_1(t) = 2ce^{-\lambda t} + (1-2c)e^{-2\lambda t} \qquad (11.23)$$

となり，MTTF は

$$\mathrm{MTTF} = \int_0^\infty R(t)dt = \frac{2c+1}{2\lambda} \qquad (11.24)$$

となる．

ここで，デュプレックスシステムとデュアルシステムの MTTF を比較してみよう．

$$\mathrm{MTTF}_{\mathrm{duplex}} - \mathrm{MTTF}_{\mathrm{dual}} = \frac{c+2}{2\lambda} - \frac{2c+1}{2\lambda} = \frac{1-c}{2\lambda} \geq 0$$

（ただし，等号は $c = 1$ のとき）

となり，一般にデュプレックスシステムの方が MTTF は大きい．この理由として，デュアルシステムの場合は 2 台のコンピュータのいずれかに故障があっても再構成，すなわち c が関係するのに対して，デュプレックスシステムの場合は，予備のコンピュータに故障が生じた場合は再構成の必要がないことが挙げられる．

〔3〕 **TMR** 図 **11.12**（a）に示すように，同一の 3 台のコンピュータが並列に動作し，各出力の多数決を最終出力とするシステムを考える．この図で，Voter は 3 台のコンピュータと比較して回路構成はきわめて単純であることから，故障は生じないものと仮定する．また，各コンピュータの故障率はすべて等しく λ と仮定し，2 台のコンピュータが同時に故障することはないものと仮定する．

このシステムの状態遷移図は図（b）のようになる．ここで，各状態の定義は以下のとおりである．

状態 0：3 台のコンピュータとも正常である状態．

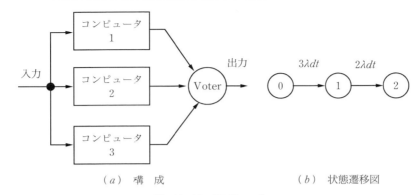

図 **11.12** TMR モデル

状態1：3台のコンピュータのいずれか1台に故障が発生した状態。

状態2：2台のコンピュータに故障が発生した状態。

さて，時刻 t にシステムが状態 0, 1, 2 にいる確率を，それぞれ，$P_0(t)$, $P_1(t)$, $P_2(t)$ とする。$P_0(t + dt)$ はシステムが時刻 t のとき状態 0 にいて，微小時間 dt 経過後も状態 0 にいる確率でつぎのように表すことができる。

$$P_0(t + dt) = \{1 - 3\lambda dt\}P_0(t) \tag{11.25}$$

よって，式 (11.25) は

$$\frac{dP_0(t)}{dt} = -3\lambda P_0(t) \tag{11.26}$$

となる。同様に，$P_1(t + dt)$ はつぎの式のようになる。

$$P_1(t + dt) = 3\lambda dt P_0(t) + (1 - 2\lambda dt)P_1(t) \tag{11.27}$$

この式を整理すると

$$\frac{dP_1(t)}{dt} = 3\lambda P_0(t) - 2\lambda P_1(t) \tag{11.28}$$

が得られる。

時刻 $t = 0$ のとき，状態 0 にいるので初期条件として，$P_0(0) = 1$, $P_1(0) = 0$ を当てはめて，式 (11.26)，(11.28) の連立微分方程式を解けば，$P_0(t)$, $P_1(t)$ の値を求めることができる。結果だけを示すと

$$P_0(t) = e^{-3\lambda t}$$
$$P_1(t) = 3e^{-2\lambda t} - 3e^{-3\lambda t} \qquad (11.29)$$

となる．したがって，TMR の信頼度 $R(t)$ は

$$R(t) = P_0(t) + P_1(t) = 3e^{-2\lambda t} - 2e^{-3\lambda t} \qquad (11.30)$$

となり，MTTF は

$$\mathrm{MTTF} = \frac{5}{6\lambda} \qquad (11.31)$$

となる．式 (11.31) より，TMR の MTTF は $0 \leqq t \leqq \infty$ について考えると単一システムの MTTF より小さくなる．一般に，冗長性を導入する場合，ある定められた**ミッションタイム** (mission time) $T(0 \leqq t \leqq T)$ の期間に最大の信頼性が要求される．TMR と単一システムに関して，図 **11.13** に示す関係があり，時刻 0 から T までの期間は TMR のほうが信頼度が高いことがわかる．

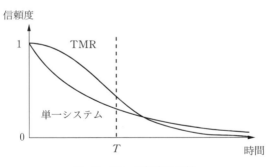

図 **11**.**13** 信頼度の比較

演 習 問 題

【1】 1 000 時間当り 0.02 ％の故障率を有する素子を 4 000 個含むシステムの MTBF を求めよ．

【2】 同一構成のシステムを 2 重に用意し，両系列で常時同一の処理を行わせ，系列の片方で障害が発生しても，残りの系列で中断することなく運転を継続することが可能なシステム構成をなにというか．

【3】 システムの一部が故障しても，システム全体の動作に支障をきたさないように設計されたシステム構成をなにというか．

【4】 つぎの図で表されているコンピュータのシステム構成をなにというか．

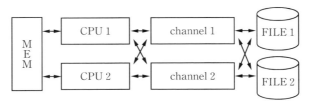

問図 **11.1**

【5】 3台のコンピュータA，B，Cが図のように接続されている場合，システム全体の信頼度はいくらか．なお，コンピュータの信頼度はすべて等しく0.99とする．

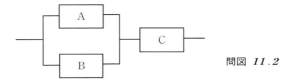

問図 **11.2**

【6】 エンジンを4基搭載の航空機の安全性について，少なくとも2基が正常なら安全に飛行できるものとする．エンジン1基の信頼度を0.999と仮定すると，安全に飛行可能な航空機の信頼度はいくらか．

【7】 エンジン2基搭載の双発の航空機とエンジン4基搭載の航空機がある．二つの航空機とも，エンジンの故障は独立に発生し，故障の発生確率は等しいものと仮定する．また，エンジンの少なくとも半分が正常であれば安全に飛行を続けることができるとすればどちらが安全であるか．

【8】 あるシステムの故障率が一定であると仮定し，以下の問に答えよ．
（1） 稼働しはじめてから1年が経過したときの信頼度が0.95であるとする．このシステムの故障率〔1/s〕を求めよ．ただし $\ln 0.95 = -0.05129$ とする．
（2） このシステムが故障するまでの平均時間を求めよ．
（3） このシステムを3重化したTMR構成において，稼働しはじめてから1年後の信頼度を求めよ．

【9】 コンピュータ A とコンピュータ B から構成されるシステムで，いずれか一方が故障するとシステムダウンとなるものとする．コンピュータ A の MTBF が 2 000 時間，コンピュータ B の MTBF が 4 000 時間，MTTR はともに 50 時間であるとき，このシステムのアベイラビリティを求めよ．

【10】 以下のシステムは別の機能を有する A, B と C, D の装置から構成されている．
（1） 各装置の信頼度がすべて等しく R としたときのシステムの信頼度を求めよ．
（2） 装置 A, B, C, D の信頼度をそれぞれ R_A, R_B, R_C, R_D としたときのシステムの信頼度を求めよ．

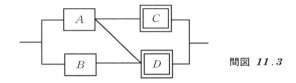

問図 **11.3**

【11】 0 と 1 というデータをそれぞれ 0000，1111 と表現すると，1 ビットの誤りを訂正し，2 ビットの誤りを検出できることを確かめよ．

【12】 1 台のコンピュータの信頼度が $R(t) = e^{-\lambda t}$ からなるデュプレックスシステム（待機冗長システム）がある．待機中のコンピュータは電源オフで待機しているため故障しないものとし，また動作中のコンピュータが故障した場合に待機しているコンピュータへの切り替えは必ず成功すると仮定して，この系の信頼度をたたみ込み積分で表し，信頼度を求めよ．

【13】 1 日 10 時間稼働のコンピュータで 1 か月（30 日）中に 3 時間故障した．このコンピュータのアベイラビリティと故障率を求めよ．

引用・参考文献

1) 三木容彦：コンピュータ入門，東海大学出版会（1989）
2) 木村幸男，小澤　智，松永俊雄，橋本洋志：図解コンピュータ概論―ハードウェア―，オーム社（1997）
3) 当麻喜弘，向殿政男：コンピュータシステムの高信頼化技術入門，日本規格協会（1989）
4) 柴山　潔：コンピュータアーキテクチャの基礎，近代科学社（1993）
5) 稲垣耕作：コンピュータ概説，コロナ社（1997）
6) 渡邉勝正：コンピュータ概論，丸善（1992）
7) 湯田幸八：パソコン・ハードウェア教科書，オーム社（1998）
8) 相磯秀夫，松下　温：電子計算機Ⅰ，コロナ社（1992）
9) 鈴木久喜，石井直宏，岩田　彰：基礎電子計算機，コロナ社（1988）
10) 萩原　宏，黒住祥祐：現代電子計算機ハードウェア，オーム社（1991）
11) 曾和将容：コンピュータアーキテクチャ原理，コロナ社（1993）
12) 長尾　真，石田晴久，稲垣康善，田中英彦，辻井潤一，所真理雄，中田育男，米澤明憲編：岩波情報科学辞典，岩波書店（1990）
13) 馬場敬信：コンピュータアーキテクチャ，オーム社（1995）
14) 楠　菊信：マイクロプロセッサ，丸善（1994）
15) 当麻喜弘：フォールトトレラントシステム論，電子情報通信学会（1990）
16) 後藤宗弘：電子計算機，森北出版（1989）
17) 羽根田博正：ディジタル計算機の基礎［ハードウェア］，培風館（1991）
18) 樋口龍雄監修，木村真也，鹿股昭雄：コンピュータの原理と設計，日刊工業新聞社（1996）
19) 城戸健一，安倍正人：電子計算機，森北出版（1995）
20) 田丸啓吉：論理回路の基礎，工学図書（1983）
21) 八村広三郎：計算機科学の基礎，近代科学社（1989）
22) 黒川一夫，見山友裕：電子計算機概論，コロナ社（1994）
23) 熊谷勝彦：コンピュータ基礎講座，コロナ社（1995）
24) 重井芳治：計算機工学の基礎，近代科学社（1990）
25) 飯塚　肇：電子計算機Ⅱ，コロナ社（1994）
26) 小方　厚，小柳義夫：教養のためのコンピュータ入門，近代科学社（1988）
27) 後藤宗弘：電気・電子学生のための計算機工学，丸善（1982）
28) 森下　巌：マイクロコンピュータの基礎，昭晃堂（1988）
29) 当麻喜弘，南谷　崇，藤原秀雄：フォールトトレラントシステムの構成と設計，槙書店（1991）
30) Parag K. Lala 著，当麻喜弘監訳，古屋　清，玉本英夫共訳：フォールト・トレランス入門，オーム社（1988）
31) 北川賢司：信頼性工学入門，コロナ社（1979）
32) 塩見　弘：信頼性工学入門，丸善（1972）

33) 浦　昭二，市川照久：情報処理システム入門，サイエンス社（1998）
34) 西野　聰：IC 論理回路入門，日刊工業新聞社（1979）
35) 樋口龍雄，鹿股昭雄：理工系のためのマイクロコンピュータ，昭晃堂（1987）
36) 柴山　潔：コンピュータサイエンスで学ぶ論理回路とその設計，近代科学社（1999）
37) 小高知宏：計算機システム，森北出版（1999）
38) 江端克彦，久津輪敏郎：ディジタル回路設計，共立出版（1997）
39) Roger L. Tokheim 著，村崎憲雄，藤林宏一，青木正喜共訳：ディジタル回路，マグロウヒル好学社（1982）
40) 塩見　弘，菅野文友，三觜　武：実践信頼性100問，日科技連（1976）
41) 亀山充隆：ディジタルコンピューティングシステム，昭晃堂（1999）
42) 清水忠昭，菅田一博：コンピュータ解体新書，サイエンス社（1992）
43) 杉本敏夫：情報科学への招待，培風館（1993）
44) Elliott Mendelson 著，大矢建正訳：ブール代数とスイッチ回路，マグロウヒル好学社（1982）
45) Tom Forester, Perry Morrison 共著，久保正治訳：コンピュータの倫理学，オーム社（1992）
46) 阪井　茂：計算機アーキテクチャ，ソフトバンクパブリッシング（1995）
47) Simson Grafinkel, Gene Spafford 著，山口　英監訳，谷口　功訳：UNIX & インターネットセキュリティ，オライリー・ジャパン（1998）
48) Craig Hunt 著，村井　純監訳，坂本　真訳：UNIX システム管理者のための TCP/IP ネットワーク管理，インターナショナル　トムソン　パブリッシング　ジャパン（1995）
49) Bruce Schneier 著，山形浩正訳：暗号の秘密とウソ ネットワーク社会のデジタルセキュリティ，翔泳社（2001）
50) Scott M. Ballew 著，櫻井　豊監訳，田和　勝訳：CISCO ルータによる IP ネットワーク管理，オライリー・ジャパン（1998）
51) Wendell Odom 著，糸川　洋訳：CCNA 試験＃640-507 実践ガイドブック，ソフトバンクパブリッシング（2001）
52) 春日　健：よくわかるディジタル回路，電気書院（2012）
53) 春日　健：ドリルと演習シリーズ　ディジタル回路，電気書院（2013）
54) 鹿股昭雄，春日　健：安全・高信頼システムデザイン入門，電気書院（2013）
55) 橋本洋志，冨永和人，松永俊雄：図解コンピュータ概論―ソフトウェア・通信ネットワーク―（改訂3版），オーム社（2010）
56) 橋本洋志，松永俊雄，小林裕之，天野直紀：図解コンピュータ概論―ハードウェア―（改訂3版），オーム社（2010）
57) 坂井修一：コンピュータアーキテクチャ，コロナ社（2004）
58) 浅井宗海：新コンピュータ概論，実教出版（1999）
59) 原田耕介，二宮　保：信頼性工学，養賢堂（1977）
60) 北川賢司：信頼性の考え方と技術，コロナ社（1973）
61) 浅川　毅：基礎コンピュータシステム，東京電機大学出版局（2004）

演習問題解答

1章

【1】 プログラム内蔵方式（ストアドプログラム方式）
【2】 （1） 言語処理プログラム （2） ユーティリティプログラム
（3） オペレーティングシステム
【3】 （a） 主記憶装置 （b） 制御装置
【4】 主記憶装置，半導体ディスク装置，ハードディスク装置，磁気テープ装置
【5】 イメージスキャナ
【6】 低消費電力，薄くて小型
【7】 （a） 制御装置 （b） 演算装置 （c） 主記憶装置
（d） 入力装置 （e） 出力装置
【8】 （2） 【9】 （1）

2章

【1】 $-2^{n-1} \sim 2^{n-1} - 1$
【2】 （a） 0.C （b） 0.5 （c） 0100 1110 （d） 86 （e） 56
【3】 （1） 1の補数 010 1001 　 2の補数 010 1010
（2） 1の補数 100 0111 　 2の補数 100 1000
【4】 0111 0101 【5】 （c）
【6】 16ビットでは0から65535の65536（2^{16}）種類の表現が可能である。
【7】 $2^{24} = 10^x$
$\log 2^{24} = \log 10^x$
$x = \log 2^{24} = 24 \log 2 \fallingdotseq 7.22\cdots$
よって，有効桁数は7
【8】 （1） 0100 0011 0011 0010 1101 0000 0000 0000
（2） 0100 0001 1000 0010 0001 0100 0111 1010
【9】 正規化 【10】 33
【11】 （1） $A + B = 0.1101$ 　 （2） $A - B = 0.0101$
（3） $B - A = 1.1011$ 　 （4） $-A - B = 1.0011$

3章

【1】 $x \cdot y = \overline{\overline{(x \oplus y) \oplus (x+y)}}$

【2】 (1) $f = \overline{\overline{x \cdot \overline{y}} + \overline{x \cdot z}} = \overline{\overline{\overline{x \cdot \overline{y}} \cdot \overline{x \cdot z}}} = \overline{\overline{\overline{x \cdot y \cdot y} \cdot \overline{x \cdot x \cdot z}}}$

(2) $f = \overline{\overline{x \cdot y \cdot z} \cdot \overline{y \cdot \overline{z}} \cdot \overline{y \cdot z}} = \overline{\overline{\overline{x \cdot y \cdot z} \cdot \overline{y \cdot y \cdot z \cdot z} \cdot \overline{y \cdot z \cdot z}}}$

【3】 (1) $f = \overline{A} \cdot \overline{B} \cdot \overline{C} + \overline{A} \cdot \overline{B} \cdot C + \overline{A} \cdot B \cdot \overline{C} + A \cdot \overline{B} \cdot \overline{C}$

(2) $f = \overline{A} \cdot \overline{B} + \overline{B} \cdot \overline{C} + \overline{C} \cdot \overline{A}$

(3)

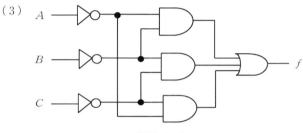

解図 **3.1**

(4)

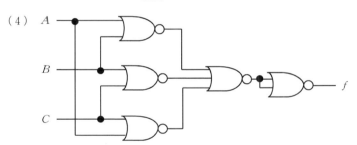

解図 **3.2**

【4】 $f = \overline{A} \cdot B \cdot (C + \overline{C}) + \overline{C} \cdot (A + \overline{A}) \cdot (B + \overline{B})$
$= \overline{A} \cdot B \cdot C + \overline{A} \cdot B \cdot \overline{C} + A \cdot B \cdot \overline{C} + A \cdot \overline{B} \cdot \overline{C} + \overline{A} \cdot \overline{B} \cdot \overline{C}$

【5】 (1) $f = A + B$ (2) $f = A \cdot C + \overline{B} \cdot \overline{C}$ (3) $f = \overline{A} + \overline{B} + C$

(4) $f = \overline{A} \cdot \overline{B} + A \cdot B \cdot C$

【6】 ド・モルガンの定理を用いて

左辺 $= \overline{\overline{A \cdot C}} \cdot \overline{B \cdot \overline{C}} = (A + \overline{C}) \cdot (\overline{B} + C) = A \cdot \overline{B} + A \cdot C + \overline{B} \cdot \overline{C} + C \cdot \overline{C}$
$= A \cdot \overline{B} \cdot (C + \overline{C}) + A \cdot C + \overline{B} \cdot \overline{C}$
$= A \cdot \overline{B} \cdot C + A \cdot \overline{B} \cdot \overline{C} + A \cdot C + \overline{B} \cdot \overline{C}$
$= A \cdot C \cdot \overline{B} + A \cdot C + \overline{B} \cdot \overline{C} \cdot A + \overline{B} \cdot \overline{C}$
$= A \cdot C \cdot (\overline{B} + 1) + \overline{B} \cdot \overline{C} \cdot (A + 1) = A \cdot C + \overline{B} \cdot \overline{C}$

【7】

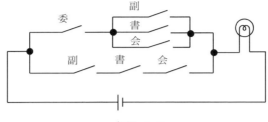

解図 3.3

【8】 High 　【9】 （2） ANDゲート

【10】 通常の2進カウンタは，1個のフリップフロップで実現できる。ここでは，1カウント終了後はカウントしないようにするために，制御用カウンタをカウント用カウンタの次段に設ける。この制御用カウンタの出力 $\bar{Q}$ はカウント用カウンタの入力のJ，K端子を操作してカウント出力が変化しないようにしている。

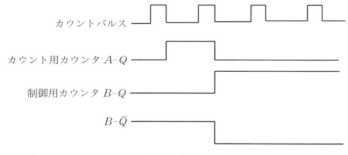

解図 3.4

（回路例）

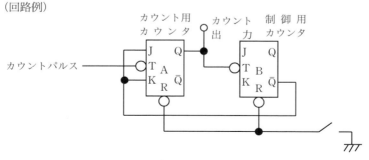

解図 3.5

【11】 $f = \overline{(A+D)\cdot B\cdot C + (E+F)}$

【12】 1段目のゲートの出力を $\bar{S} = \overline{S\cdot T}$, $\bar{R} = \overline{\overline{S\cdot T}\cdot T\cdot R}$ とおくと，クロック T が1のとき

$$\bar{S} = \overline{S}$$
$$\bar{R} = \overline{\overline{S}\cdot R} = S + \bar{R}$$

となる。ここで，$S = 1$, $R = 1$ とすると，これはRSフリップフロップでの $\bar{S} = 0$, $\bar{R} = 1$ に対応し，セット状態となる。これ以外の入力の組合せについてはRSTフリップフロップの特性表と同じ結果となる。このフリップフロップをセット優先フリップフロップと呼ぶことがある。

【13】 NORゲートを用いたRSフリップフロップを以下に示す。一方のNORゲートの出力をもう一方のNORゲートの入力としている。ここで，R はリセット入力，S はセット入力である。また，Q は出力，$\bar{Q}$ は Q の反転出力を表す。

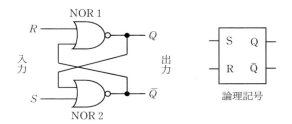

解図 3.6

初期状態として $Q = 0$, $\bar{Q} = 1$ とする。$\bar{Q} = 1$ なので，この値がNOR 1 の一方の入力値となる。したがって，NOR 1 の出力は $Q = 0$ となる。初期状態において $Q = 0$ としたので，出力 Q に変化は生じない。また，この Q はNOR 2 の入力の一方に接続されている。したがって，出力 $\bar{Q}$ はもう一方の入力 S の値に依存する。この動作を示す特性表は以下の通りである。

解表 3.1 特性表

入 力		出 力		備 考
R	S	Q	$\bar{Q}$	
0	0	保持		
0	1	1	0	(セット)
1	0	0	1	(リセット)
1	1	0	0	(不定)

4章

【1】 (1) 1 0001　(2) 1 0010　(3) 1 0110
【2】 2入力XORゲートと2入力ANDゲート
【3】

解図 **4.1**

【4】 (1) 0101　(2) 0 0101　(3) 10 1100
【5】 図4.2から，全加算器は以下のように二つの半加算器（XORゲートとANDゲート）とORゲートで構成できる。

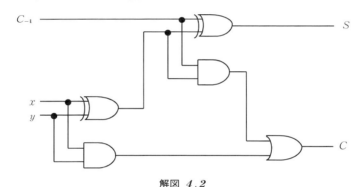

解図 **4.2**

この回路で，二つのANDゲートをともにNANDゲートに置き換えると，以下の図のように論理を合わせるためにORゲートの入力端子にインバータ

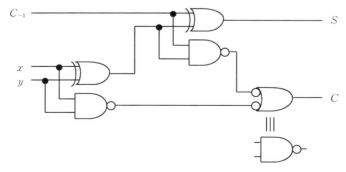

解図 **4.3**

の論理記号である○印がつく。このゲートは，ド・モルガンの定理より NAND ゲートそのものである。

【6】

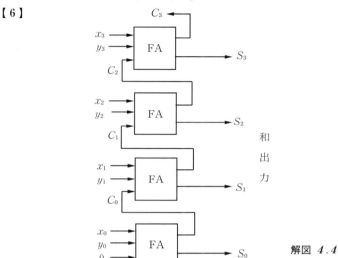

解図 4.4

【7】 加算によりオーバフローとなる可能性があるのは，2 数がともに正の場合とともに負の場合に限られる。つぎの例のように，正＋正＝負，負＋負＝正となる場合がオーバフローである。すなわち，加数，被加数の符号ビット（MSB）と加算結果の符号ビットが異なるときがオーバフローである。

```
  0 1 1 1  （正）        1 0 1 1  （負）
＋ 0 1 0 0  （正）      ＋ 1 1 0 0  （負）
─────────              ─────────
  1 0 1 1  （負）       1 0 1 1 1  （正）
```

【8】 x, y の符号ビットをそれぞれ x_0, y_0，加算結果 z の符号ビット z_0 とし，検出する関数を f とすると次式で表すことができる。

$$f = \bar{x}_0 \cdot \bar{y}_0 \cdot z_0 + x_0 \cdot y_0 \cdot \bar{z}_0$$

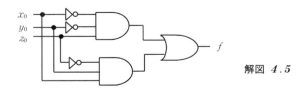

解図 4.5

【9】 通常の桁ごとの部分和を求めると同時に，すべての桁の桁上げ計算を独立に

行い,それらを加算することにより処理速度の向上を図る方式をいう。

【10】 被加数(被減数)を $x_3x_2x_1x_0$,加数(減数)を $y_3y_2y_1y_0$,加算(減算)結果を $z_3z_2z_1z_0$ とする。図 4.8,4.10 から,加算器と減算器の構成上での異なる点は,$y_iy_2y_1y_0$ に NOT ゲートがあるかないかという点と,C_{-1} を 0 に設定するか(加算),1 に設定するか(減算)ということである。ここでは,加算と減算の切り替えにコントロール信号を用いて,図のような加減算器を構成する。ここで,コントロール信号の値は,加算の場合は 0,減算の場合は 1 に設定する。排他的論理和は,3 章での真理値表からわかるように,一方の入力のコントロール信号の値を 0(加算)にしておくと,もう一方の入力の値がそのまま出力に現れる。また,コントロール信号の値を 1(減算)にしておくと,もう一方の入力の値が反転され(補数)て出力に現れる。

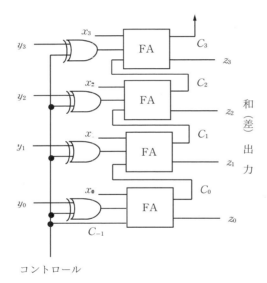

解図 4.6

5 章

【 1 】 RISC は,できるだけ単純な命令に限定した,少ない命令体系をもつコンピュータで,結線論理だけを用いて命令を実行するようにしている。プログラムで使用される命令の使用頻度を調査した結果,転送命令などの単純な,サイクルタイムの短い命令が大半を占めることがわかった。そこで,命令数を減らし,ハードウェアを簡素化し,高速化を実現したコンピュータである RISC が登場した。複雑な命令は,コンパイラで簡単な命令の組合せに変換する。その結果,処理に必要な命令数は CISC に比べて多くなるが,演算は多数のレ

ジスタを利用して高速に行い，コンパイル技術やパイプライン処理により処理時間を短縮でき，RISC は VLSI の発展を背景にコンピュータアーキテクチャの主流になるものと考えられる。

CISC は，多数の複雑な命令を処理できる CPU を搭載したコンピュータである。RISC と異なり，命令長は単純な命令は短く，複雑なものは長い可変長であり，命令の実行時間にはばらつきがある。命令の種類の増加に伴い CPU の構造も複雑になる。しかし，複雑な処理も 1 命令で記述できる特徴がある。

【2】

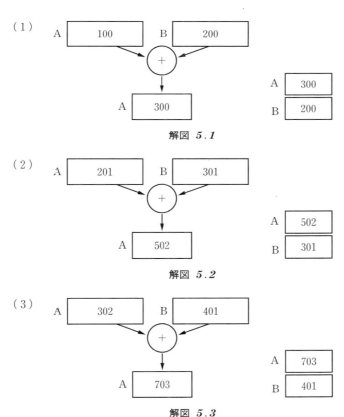

解図 5.1

解図 5.2

解図 5.3

【3】 (a) 直接アドレス指定方式　(b) 間接アドレス指定方式
(c) イミーディエイトアドレス指定方式
(d) レジスタ間接アドレス指定方式
(e) インデックスアドレス指定方式　(f) 相対アドレス指定方式

(g) ベースアドレス指定方式
【4】 パスワードで本人を確認したり，OSが使用している主記憶領域やファイルに記憶保護をかける。コンピュータウィルスに対しては，ワクチンというソフトウェアを用いて検出を行う。また，ネットワーク対策として，ファイヤウォール（防火壁）と呼ばれるソフトウェアを用いて，LANへの侵入を防いでいる。

　　　通信における安全性と秘密保持は，暗号技術で高度に守ることができるようになってきた。公開鍵暗号などがセキュリティ技術の一環として実用されている。

　　　公開鍵暗号というのは，暗号化は公開された鍵を使ってだれでもできるが，解読は秘密の鍵をもっている人しかできないという方式。
【5】 (a) メモリ空間　　(b) 主記憶　　(c) 仮想記憶　　(d) 実記憶
【6】 (a) スタックポインタ　　(b) インデックスレジスタ
　　　(c) アキュムレータ　　(d) プログラムカウンタ
　　　(e) フラグレジスタ（状態レジスタ）

6章

【1】 プログラムとデータ
【2】 一般的なコンピュータでは，メモリのアドレスはCPUのビット数によらず8ビット（1バイト）ごとに振られている。
【3】 図6.5および6.2節を参照。
【4】 SRAMはフリップフロップにより構成され，比較的高速・小容量でキャッシュメモリなどに使用される。DRAMはコンデンサのチャージで記憶し，比較的低速・大容量で主記憶装置（メインメモリ）などに使用される。
【5】 高速・小容量のメモリと，低速・大容量のメモリを階層的に配置し，見かけ上高速・大容量のメモリを構成する工夫。高速・大容量のメモリを安価に構成するため。
【6】 ノイマン型のコンピュータでは，最近参照された命令やデータが近い将来再び参照される確率が高く（時間的局所参照性），また，その近くにある命令やデータが参照される確率が高い（空間的局所参照性）という傾向がある。キャッシュメモリはこの性質を利用してメモリアクセスの高速化を実現している。
【7】 ハードディスクの一部を利用して，実際に持っている主記憶装置以上の容量のメモリを見かけ上利用することができるようにする技術。ハードディスク

は DRAM よりも低速だが 1 ビット当りの単価は安価であるため，メモリの階層構成の一つとして活用されている。

【8】 アクセスの高速化：メモリの動作クロックを高速化したり，タイミングを工夫し，より高速にアクセスできるようにする。

データバス幅の拡大：メモリのデータバス幅を増やし，一度にアクセスできる容量を増やす。

メモリの並列動作（インタリーブ）：複数のメモリモジュールを並列に動作させ，見かけ上の速度を高速化する。

7章

【1】 下表参照。

解表 7.1

名　称	概　要
パラレル	おもにプリンタ接続用で，8 ビットのデータを並列に転送する。
シリアル	おもに通信に使用し，データを直列に転送する。
USB	パソコン用のインタフェースの統合を目指して考案された規格で，さまざまな機器を接続できる。
IDE（ATA）(SATA)	おもにハードディスクや CD-ROM 等の接続に使用し，比較的安価である。パラレルとシリアルがある。
SCSI (SAS)	ハードディスクなどの接続に使用し，比較的高価であるが高性能で，サーバなどで使用される。パラレルとシリアルがある。
HDMI	映像・音声をデジタル信号で伝送する通信インタフェースの標準規格。ディスプレイの接続などに使用される。
イーサネット	LAN やインターネットに接続するために使用される。

【2】 パラレルインタフェースは単純な構成で比較的高速なデータ転送を行うことができるが，信号線が多く長距離での使用には向かない。シリアルインタフェースは信号線が少ないが，構成が比較的複雑になる。

【3】 まず，スタートビット 1 ビット（0）を送り，つづけてデータビットを下の桁（LSB）より順に 1 ビットずつ送る。つぎにパリティビットが 1 ビット（ない場合もある）がつづき，最後にストップビット（必ず 1）を送り（1 ビットまたは 1.5 ビットまたは 2 ビット），1 バイト分のデータ転送を終了する。

解図 7.1

【4】 $\{640\,000\,000 \times (1+8+0+1)\} \div 1\,000\,000 = 6\,400$〔s〕

【5】 $\{384\,000 \div (1+8+1+2)\} \times 100 = 3\,200\,000$〔バイト〕

【6】 範囲（レンジ）：扱うアナログ信号の最大，最小値。
分解能（ビット数）：アナログ信号の最大値の何分の1まで扱えるか。
扱う信号の周波数（変換速度）：扱うことのできる最大周波数（サンプリング定理で決定される）。

8章

【1】 キーボード，OCR，音声入力（音声認識），タブレットなど。

【2】 1インチを25.4 mmとして
$(210 \div 25.4 \times 300) \times (297 \div 25.4 \times 300) \times 3 \times 8 \div 8$
$= 2\,480 \times 3\,508 \times 3 \times 8 \div 8 = 26\,099\,520$〔バイト〕

【3】 $1\,000\,000\,000 \times 8 \div 8\,000\,000 = 1\,000$〔s〕
もしくは，$1\,073\,741\,824 \times 8 \div 8\,388\,608 = 1\,024$〔s〕

【4】 ドットインパクトプリンタ：印刷用紙の前にインクリボンをわずかに離して置き，細い金属製のピンを叩き付けて印字する。
インクジェットプリンタ：液体のインクを紙に噴射して印刷する。
ページプリンタ：複写機（コピー機）の原理で，原稿の代わりにレーザ光などでイメージを作り出し印刷する。

【5】 トラック：ディスク面の同心円上の記録データの並び。
セクタ：ハードディスクを読み書きする最小単位。
シリンダ：複数のディスクの同じ位置（円筒状）にあるトラック。
シーク：磁気ヘッドを目的のシリンダに移動する。

【6】 1回転当りのデータ量（1トラックのデータ量）が増えるため，回転数が同じであればデータ転送速度は増える。

9 章

【1】 オペレーティングシステムとアプリケーションソフトウェア。

【2】 プロセスの管理，ファイルの管理，リソースの管理。

【3】 シングルタスク方式とマルチタスク方式。

【4】 ラウンドロビン方式：プロセスの待ち行列を作成し，その先頭のプロセスから実行していく。タイムスライスが経過したらプロセスを止め，待ち行列の最後尾に加える。

【5】 マルチユーザの OS では，各ファイルごとに作成者の情報など，シングルユーザの OS にはない付加情報を管理しなければならない。

【6】 ワードプロセッサ，表計算，お絵かき，プレゼンテーション，電子メール，ウェブブラウザ，ゲームなど。

10 章

【1】 ピアツーピアではサーバが必要なく手軽にファイル共有を行えるが，同時接続数などに制限がある。ファイルサーバを使用するとより大規模な共有を実現できるが，サーバを用意する費用，手順がかかる。

【2】 電子メール：電子的な手紙の送受信を行う。
WWW：マルチメディア対応のウェブコンテンツ（ホームページ）を閲覧する。
SNS：ユーザ間のコミュニケーションサービス。
ストリーミング：音楽データや動画データをネットワーク経由で配信する。

【3】 クラスA：最初の1ビットは0で，7ビットのネットワーク部と24ビットのホスト部からなる大規模組織向けのクラス。
クラスB：最初の2ビットは10で，14ビットのネットワーク部と16ビットのホスト部からなる中規模組織向けのクラス。
クラスC：最初の3ビットは110で，21ビットのネットワーク部と8ビットのホスト部からなる小規模組織向けのクラス。

【4】 IPv4ではIPアドレスは32ビットで，総組合せは約40億である。これは世界人口より少なく，十分ではない。解決策としては，利用されていないアドレスの再利用，プライベートアドレスの利用，IPv6への移行など。

【5】 第7層（アプリケーションレイヤ）：アプリケーションレベルでの通信プロトコル。
第6層（プレゼンテーションレイヤ）：やり取りするデータの表現方法を標準化するプロトコル。

220　　　演 習 問 題 解 答

第5層（セッションレイヤ）：セッション（通信開始から終了までの一連の手順）のプロトコル。

第4層（トランスポートレイヤ）：プロセス間でのデータ転送についてのプロトコル。

第3層（ネットワークレイヤ）：一つまたは複数のネットワークを経由して接続された任意の2ノード間でのデータの転送のプロトコル。

第2層（データリンクレイヤ）：データのパケット化の方法と送受信プロトコルに関する規定。

第1層（物理レイヤ）：電圧レベルやインタフェースのピン数・配置など，電気的・物理的な規約。

【6】 始点のIPアドレス，終点のIPアドレスなど。

【7】 始点のポート，終点のポート，シーケンス番号，確認応答番号など。

【8】 受信者アドレス，送信者アドレス（それぞれMACアドレス）など。

【9】 カテゴリは使用するケーブルの品質を示す。カテゴリは数値が上がるほど高品質になり，基準以下のカテゴリのケーブルは使用することができない。

【10】 CSMA/CDを使用している。その意味は，以下のとおり。

CS：通信を行う際に，ほかのネットワーク機器が通信していないかどうか調べる。もし通信中なら終わるまで待機する。

MA：1本のケーブルに複数の機器を接続することができ，接続されている機器はすべて同等のアクセス権を持つ。

CD：複数の機器が同時に通信を開始した場合，コリジョン（衝突）が発生する。コリジョンの発生を検出した場合には通信を中止し，ある時間（乱数）待機してから再送する。再びコリジョンが発生した場合は，そのたびに乱数の取り得る値の範囲を2倍にし，再送を行う。

【11】 コンピュータの名前（ホスト名とドメイン名）とIPアドレスの変換を提供するサービス。DNSがないと，ホームページなど，インターネットへのアクセスをすべてIPアドレスで行う必要がある。

【12】 'http'はウェブを意味し，'www.mext.go.jp'はドメイン名を含んだサーバ名で，'index.html'がサーバ内でのHTML文書を示すパス名。

【13】 現在，知っているネットワークと，そのネットワークに属するコンピュータにデータを送る際に最初に送るべきネートワーク機器のIPアドレスの対応表。

【14】 自分が属しているネットワーク以外のネットワークにデータを送る際，そのネットワークへの経路が特に指定されていなかった場合に使用する既定のネ

- 【15】 サブネットマスクは，直接通信できるか，ルータを経由する必要があるかを判断するため，自分と送り先の IP アドレスのネットワーク部を抜き出すために使用する。
- 【16】 アンチウィルスソフトをインストールし，つねに最新のウィルス定義ファイルに更新する。Windows Update のような，セキュリティパッチの適応を怠らない。メールに添付されたファイルを不用意に開かない。パーソナルファイアウォールソフトを導入する，など。
- 【17】 取引相手が信用できるか，詐欺ではないかどうかよく検討する。クレジットカード番号を入力する場合には盗聴をさけるため，SSL などの暗号化した通信を利用する。海賊版のソフトウェアなど，違法な取引には手を出さない。詐欺に遭う危険を少なくするため，料金の先払いよりも代金引き換えにする，など。
- 【18】 ファイアウォールは不要なポートをふさぐことができるため，使用していないが開いているポートの脆弱性を利用した攻撃を避けることができる。しかし，使用している（サービスを行っている）ポートはふさぐことができないため，このポートの脆弱性を利用した攻撃には効果がない。

11 章

- 【1】 $\lambda_{ov} = 1/1\,000 \times 0.02/100 \times 4\,000 = 8 \times 10^{-4}$ 〔failures/hour〕
  MTBF $= 1/\lambda_{ov} = 1\,250$ 時間
- 【2】 デュアルシステム 【3】 フォールトトレラントシステム
- 【4】 マルチプロセッサシステム
- 【5】 信頼度 R は
  $R = \{1 - (1 - 0.99)^2\} \times 0.99 = 0.989\,9$
- 【6】 信頼度を R とすると
  $R = 0.999^4 + {}_4C_3 \times 0.999^3 \times (1 - 0.999) + {}_4C_2 \times 0.999^2 \times (1 - 0.999)^2$
  $\fallingdotseq 0.999\,999\,996$
- 【7】 エンジンの信頼度を R，不信頼度を F（ただし，$F = 1 - R$）として，二つの場合の信頼度を求める。
  【双発】 航空機の信頼度を R_2 とすると，これはエンジンが二つとも故障する確率 F^2 を 1 から引いたものである。すなわち
  $$R_2 = 1 - F^2$$
  となる。

【4発】 航空機の信頼度を R_4 とすると,【6】の場合と異なる見方をすれば,エンジンが三つ以上故障する確率を 1 から引くことで R_4 が得られる。すなわち
$$R_4 = 1 - ({}_4C_3RF^3 + {}_4C_4F^4) = 1 - F^4 - 4RF^3 = 1 - 4F^3 + 3F^4$$
となる。
$$R_4 - R_2 = 3F^4 - 4F^3 + F^2 = F^2(3F-1)(F-1)$$
が得られ,$0 < F < 1$ より $F < 1/3$,すなわち $R > 2/3$ であれば 4 発の航空機のほうが安全であるといえる。

【8】(1) $R = e^{-\lambda t}$ より $\lambda = -1/t \cdot \ln R$ となる。
この式で,$R = 0.95$,$t = 365 \times 24 \times 60 \times 60$ を代入して計算すると
$$\lambda = 1.6265 \times 10^{-9} \ [1/s]$$

(2) MTBF $= 1/\lambda \fallingdotseq 7115$ 日

(3) 式 (11.30) より
$$R_{\text{TMR}} = 3R^2 - 2R^3 = 3 \times 0.95^2 - 2 \times 0.95^3 = 0.99275$$

【9】 システムはそれぞれのコンピュータの直列構成と考えることができる。したがって,システムのアベイラビリティはそれぞれのコンピュータのアベイラビリティの積で与えうれる。

式 (11.6) などを用いて
$$Av = 2000/(2000+50) \times 4000/(4000+50) = 0.9636$$

【10】(1) システムが正常な動作をする組合せは,(a) 四つの装置がすべて正常,(b) 四つの装置のうち三つが正常で一つが故障,(c) 四つの装置のうち二つが正常(AC, AD, BD の 3 通り)があり,それぞれ独立である。システムの信頼度を R_{sys} とすると
$$R_{\text{sys}} = R^4 + {}_4C_3R^3(1-R) + 3R^2(1-R)^2 = 3R^2 - 2R^3$$
となる。

(2) まず,装置 A,B がともに正常な場合,システムが正常であるためには装置 C と D の少なくとも一方が正常でなければならない。したがって,この場合の信頼度は
$$R_A R_B \{1 - (1-R_C)(1-R_D)\}$$
となる。つぎに,A が正常で B が故障の場合は,やはり C または D の少なくとも一方が正常であればシステムは正常に機能する。したがって,この場合の信頼度は
$$R_A(1-R_B)\{1 - (1-R_C)(1-R_D)\}$$
となる。さらに,A が故障で B が正常の場合は,C に関係なく D が正常であることがシステムダウンとならないために必須である。し

がって，この場合の信頼度は
$$(1 - R_A)R_B R_D$$
となる。

以上の三つは排反事象であるので，システムの信頼度はそれらの和として求まる。
$$R_{\text{sys}} = R_A R_C + R_A R_D + R_B R_D - R_A R_C R_D - R_A R_B R_D$$

【11】 数値 0 を 4 ビットの 0 で表現した場合，いずれかのビットが 1 に誤っても，他の 3 ビットは 0 である。また，数値 1 を 4 ビットの 1 で表した場合，いずれかのビットが 0 に誤っても，残りの 3 ビットは 1 である。したがって，おたがいに 1 ビットの誤りが発生しても，同じビット列となることはない。このことから，他の 3 ビットと異なるビットを反転すれば誤り訂正ができる。

つぎに，4 ビットのうちの 2 ビットに誤りが生じた場合，例えば 0000 に誤りが発生し，0011 となると，これは 1111 に誤りが発生した場合とも考えられる。したがって，誤りの訂正はできないが，誤り検出は可能である。

【12】 2 台のコンピュータからなる待機冗長システムにおいて，システムの信頼度 $R(t)$ は時刻 0 から時刻 t まで稼働中のコンピュータが正常である確率と，時刻 0 から時刻 t までの間の途中の時刻 τ で稼働中のコンピュータに故障が発生し，待機中のコンピュータに切り替わり，残りの $(t-\tau)$ 時間を正常に動作する確率の和で表される。よって
$$R(t) = R_1(t) + \int_0^t R_2(t-\tau) dF_1(\tau) = R_1(t) + \int_0^t R_2(t-\tau) f_1(\tau) d\tau$$
として求められる。

ここで，$R_1(t)$，$R_2(t)$ はそれぞれ稼働中のコンピュータの信頼度と待機中のコンピュータが電源オンで稼働した場合の信頼度で，ともに $e^{-\lambda t}$ である。また，$F_1(t)$ は稼働中のコンピュータの不信頼度で，$F_1(t) = 1 - R_1(t)$ の関係があるので，$dF_1(t) = \lambda e^{-\lambda t} dt$ が得られる。

この値を上式に代入して
$$R(t) = e^{-\lambda t} + \int_0^t R_2(t-\tau) dF_1(\tau)$$
$$= e^{-\lambda t} + \int_0^t e^{-\lambda(t-\tau)} \lambda e^{-\lambda \tau} d\tau = e^{-\lambda t} + \lambda e^{-\lambda t} \int_0^t d\tau = (1 + \lambda t) e^{-\lambda t}$$
が得られる。

【13】 アベイラビリティ　$\dfrac{10 \times 30 - 3}{10 \times 30} = \dfrac{297}{300} = 0.99$

故障率　$\dfrac{3}{10 \times 30} = 0.01$ 〔回/時間〕

索　引

【あ】

アーキテクチャ　69
アクセス権　85
アクセスタイム　105
アップカウンタ　50
アドレス　91
アドレス空間　83
アドレス指定方式　78
アドレスレジスタ　73
アプリケーションソフトウェア　9
アプリケーションレイヤ　162
アベイラビリティ　190
アンチウィルスソフト　182

【い】

イーサネット　167
1アドレス形式　77
1次キャッシュ　101
一括処理方式　84
イミーディエイトアドレス指定方式　82
イメージスキャナ　123
インクジェットプリンタ　7, 128
インターネット　148
インタフェース　110, 115
インタリーブ　108
インデックスアドレス指定方式　82
イントラネット　147

【う】

ウィルス　182
ウェブコンテンツ　152
ウェブブラウザ　144

【え】

液晶ディスプレイ　128
エッジトリガJKフリップフロップ　45
演算命令　74
演算レジスタ　72

【お】

応答時間　137
オフセットアドレス　83
オペランド　25, 76
オペレーティングシステム　9

【か】

外部記憶装置　130
カウンタ　48
鍵　184
仮　数　20, 71
仮想アドレス　102
仮想アドレス空間　102
仮想記憶　85, 102
カバレッジ　197
カルノー図　39
間接アドレス指定方式　79

【き】

木構造　139
基　数　13, 20, 71
キーボード　121
キャッシュメモリ　99
吸収則　33

【く】

空間的局所参照性　98
偶発故障　188
組合せ回路　37
クラスタ　142

クラスタリング　139
グループウェア　147
クロック分周　50
グローバルIPアドレス　161

【け】

桁上げ先見加算器　64
桁上げ伝搬時間　64
けち表現　71
結合則　33
ゲート回路　34

【こ】

光学式マウス　6
交換則　33
固定小数点表示　19, 70
コード変換命令　75
コンピュータアーキテクチャ　69

【さ】

サイクルタイム　105
サブネットマスク　157, 180
サブルーチンコール命令　75
算術演算命令　74
参照の局所性　99

【し】

時間的局所参照性　98
磁気テープ　134
磁気ヘッド　131
シーク　132
指　数　20, 71
システムコール命令　76
システム制御命令　76
システム制御レジスタ　74
実アドレス　102
実アドレス空間　102
シフトJISコード　24

索　引

シフトレジスタ	53
修正プログラム	183
16 進数	13
主加法標準形	38
主乗法標準形	38
順序回路	42
条件付き分岐命令	75
初期故障	188
ジョブ	84
シリアルインタフェース	112, 119
シリンダ	131
シングルタスク方式	136
信頼性	187
信頼度	187
真理値	31

【す】

スケジューリング	137
スター型接続	169
スタック	73
スタックポインタレジスタ	73
ストアドプログラム方式	5
ストリーミング	153
スワップ	104

【せ】

正規化	20, 71
セクタ	132
セグメント方式	83, 103
セッションレイヤ	162
絶対アドレス指定方式	78
絶対値表示	16
0 アドレス形式	77
全加算器	57
全減算器	58

【そ】

相対アドレス指定方式	80, 82
双対定理	34
ソースオペランド	76
ソフトウェア	9

【た】

対称型マルチプロセッサ	138
タイムスライス	137
ダウンカウンタ	50
多数決回路	37
タスク	85, 136

【ち】

調歩同期モード	112
直接アドレス指定方式	78
直並列システム	192
直並列変換	53
直列加算	61
直列加算器	62
直列システム	191

【て】

ディジタルカメラ	123
ディレクトリ	139
デコーダ回路	91
デスティネーションオペランド	76
データタイプ	70
データ転送命令	74
データリンクレイヤ	162
データレジスタ	73
デュアルシステム	194
デュプレックスシステム	193, 196
電子メール	144, 149

【と】

同一則	33
同期型 DRAM	106
同期式カウンタ	51
同期モード	112
特権命令	86
ドットインパクトプリンタ	128
ド・モルガンの定理	34
トラック	131
トランスポートレイヤ	162

【に】

2 アドレス形式	76
2 次記憶装置	130
2 次キャッシュ	101
2 進カウンタ	47
2 進化 10 進コード	71
2 進位取り記数法	16
2 進数	12
2 値論理	13

【ね】

ネットマスク	156
ネットワークレイヤ	162

【の】

ノイマン型	97
ノイマン型アーキテクチャ	5

【は】

排他的論理和	36
バスタブ曲線	188
バースト転送機能	106
バーチャルリアリティ	127
パック形式	71
ハードウェア	6
ハードディスク	131
パラレルインタフェース	112, 117
パリティビット	113
半加算器	56
半減算器	58
番　地	91

【ひ】

ピアツーピア	146
光ディスク	133
ヒット	99
ヒット率	99
ビット	13
ビット操作命令	75
ビット列操作命令	74
否　定	32, 35
否定則	33

ビデオキャプチャカード 126	並列減算器 65	【も】
非同期型 DRAM 106	並列システム 191	文字コード 22
非同期式カウンタ 49	ページプリンタ 129	文字ストリングデータ 72
非同期モード 112	ページング方式 102	文字データ 72
表計算 143	ベースアドレス指定方式 81	
【ふ】	ベースインデックスアドレス指定方式 81	【ゆ】
	ベン図 32	有機 EL 7
ファイアウォール 184	【ほ】	【ら】
ファイルサーバ 146		
ファイルシステム 139	保護機構 85	ライトスルー方式 100
フォーマット変換命令 75	補助記憶装置 130	ライトバック方式 100
フォールトトレランス 193	補 数 17	ラウンドロビン方式 137
符号ビット 70	補数表示 17	【り】
物理アドレス 83,102	保全度 190	
物理アドレス空間 83,102	ホットプラグ 115	リアルタイム OS 138
物理レイヤ 162	【ま】	リソース 142
浮動小数点表示 20,71		リフレッシュ 95
プライベート IP アドレス 160	マスタスレーブ JKフリップフロップ 45	【る】
プラズマディスプレイ 128	マッピング 102	ルータ 161,178
フラッシュメモリ 94,124	摩耗故障 188	【れ】
フリップフロップ 42	マルチタスク 85	
ブール代数 31	マルチタスク方式 136	レーザプリンタ 7,130
プレゼンテーション 144	マルチプロセッサ 138	レジスタ 72
プレゼンテーションレイヤ 162	マルチプロセッサシステム 195	レジスタアドレス指定方式 79
プログラム状態レジスタ 74	【み】	レジスタ間接アドレス指定方式 79
プログラム制御命令 75		
プログラム内蔵方式 5	ミ ス 99	レジスタセット 72
プロセス 135	ミドルウェア 9	【ろ】
プロセス管理 135	【む】	
フロッピーディスク 133		論理アドレス 83,102
プロトコル 153	無条件分岐命令 75	論理アドレス空間 83,102
分配則 33	無線 LAN 174	論理演算命令 74
【へ】	【め】	論理積 32,35
		論理代数 31
平均回転待ち時間 132	命 題 31	論理データ 72
平均故障間隔 189	命題論理 31	論理和 32,35
平均故障寿命 189	命令コード 25,76	【わ】
平均修理時間 190	命令セット 74	
並直列システム 192	メモリの階層構成 97	ワード 16
並直列変換 53	メールアドレス 150	ワープロ 143
並列加算器 63	メールサーバ 150	ワーム 182

索引

【A〜C】

AAC	126
A-D コンバータ	119
AND	32, 35
ASCII コード	22
Blu-ray	126, 134
Bluetooth	175
CAD	144
CAS	105
CAS レイテンシ	107
CCD 素子	123
CD-R	133
CD-ROM	133
CIDR	159
CISC	86
CMOS 回路	36
CPU	2
CRC	173
CRT	127
CSMA/CD	170

【D〜G】

D-A コンバータ	119
DCT	125
DNS	176
dpi	124
DPLL	114
DRAM	95
DTP	143
DVD	133
D フリップフロップ	46
EBCDIC	23
EEPROM	94
EPROM	93
ethernet	167
EUC	24
FAT	141
flip-flop	42
GbE	170

【H〜J】

HDMI	116
HMD	128
HTML	152
IDE	116
IEEE 802.11	174
IP	153
IPv 4	154
IPv 6	154
IP アドレス	154
JIS コード	23
JK フリップフロップ	44
JPEG	125

【L〜N】

LAN	146
LIFO	73
LRU 方式	100
LSB	13
MAC アドレス	173
MASK-ROM	93
MP 3	126
MPEG	126
MPU	2
MSB	13
MTU	164
NAND	35
non-preemptive	137
NOR	36
NOT	32, 35

【O〜R】

OCR	123
OR	32, 35
OS	135
OSI 参照モデル	161
OTPROM	93
PAR	165
preemptive	137
PROM	93
RAM	92, 94
RAS	105
RISC	87
ROM	92
RST フリップフロップ	44
RS フリップフロップ	42

【S〜U】

SCSI	116
Serial ATA	116
SMP	138
SNS	153
SRAM	95
SSD	4
SSL	184
TCP	165
TCP/IP	153
TFT	7
TMR	195, 201
turn around time	137
T フリップフロップ	47
UDP	166
URL	178
USB	115
USB ハブ	115
USB メモリ	3
UV-EPROM	94

【V〜X】

VLSI	2
VLSM	159
WEP	175
WPA 2	175
WWW	152
XOR	36

―― 著 者 略 歴 ――

春日　　健（かすが　たけし）
1973 年　山形大学工学部電子工学科卒業
1975 年　山形大学大学院工学研究科修士課程
　　　　修了（電気工学専攻）
1975 年　福島工業高等専門学校助手
1993 年　博士（工学）（東北大学）
1996 年　福島工業高等専門学校教授
2014 年　福島工業高等専門学校名誉教授

舘泉　雄治（たていずみ　ゆうじ）
1980 年　東京工業高等専門学校電気工学科卒業
1982 年　豊橋技術科学大学工学部情報工学課程
　　　　卒業
1984 年　豊橋技術科学大学大学院工学研究科
　　　　修士課程修了（情報工学専攻）
1984 年　富士ゼロックス株式会社勤務
1987 年　東京工業高等専門学校助手
1995 年　東京工業高等専門学校講師
2001 年　東京工業高等専門学校助教授
2007 年　東京工業高等専門学校准教授
2020 年　東京工業高等専門学校教授
　　　　現在に至る

計算機システム（改訂版）
Computer System (Revised Edition)　　© Takeshi Kasuga, Yuji Tateizumi 2005, 2016

2005 年 4 月 28 日　初版第 1 刷発行
2016 年 4 月 25 日　初版第 9 刷発行（改訂版）
2023 年 1 月 20 日　初版第 14 刷発行（改訂版）

検印省略	著　者	春　日　　　　　健
		舘　泉　雄　治
	発行者	株式会社　コロナ社
		代表者　牛来真也
	印刷所	壮光舎印刷株式会社
	製本所	株式会社　グリーン

112-0011　東京都文京区千石4-46-10
発行所　株式会社　コロナ社
CORONA PUBLISHING CO., LTD.
Tokyo Japan
振替00140-8-14844・電話(03)3941-3131(代)
ホームページ　https://www.coronasha.co.jp

ISBN 978-4-339-01213-2　C3355　Printed in Japan　　　　　（高橋）

JCOPY　<出版者著作権管理機構　委託出版物>
本書の無断複製は著作権法上での例外を除き禁じられています。複製される場合は，そのつど事前に，出版者著作権管理機構（電話 03-5244-5088，FAX 03-5244-5089，e-mail: info@jcopy.or.jp）の許諾を得てください。

本書のコピー，スキャン，デジタル化等の無断複製・転載は著作権法上での例外を除き禁じられています。購入者以外の第三者による本書の電子データ化及び電子書籍化は，いかなる場合も認めていません。
落丁・乱丁はお取替えいたします。